DFG

Geowissenschaften

© VCH Verlagsgesellschaft mbH, D-6940 Weinheim (Federal Republic of Germany), 1985

Vertrieb:
VCH Verlagsgesellschaft, Postfach 1260/1280, D-6940 Weinheim (Federal Republic of Germany)
USA und Canada: VCH Publishers, 303 N.W. 12th Avenue, Deerfield Beach, FL 33441-1705 (USA)

ISBN 3-527-27334-4

DFG Deutsche Forschungsgemeinschaft

Geowissenschaften

Mitteilung XIV
der Kommission für
Geowissenschaftliche
Gemeinschaftsforschung

Deutsche Forschungsgemeinschaft
Kennedyallee 40
D-5300 Bonn 2
Telefon (02 28) 885-1; Telegrammanschrift: Forschungsgemeinschaft

CIP-Kurztitelaufnahme der Deutschen Bibliothek

Geowissenschaften/DFG, Dt. Forschungsgemeinschaft. – Weinheim: VCH Verlagsgesellschaft, 1985

   (Mitteilung ... der Kommission für
   Geowissenschaftliche Gemeinschaftsforschung; 14)
   ISBN 3-527-27334-4

NE: Deutsche Forschungsgemeinschaft; Deutsche Forschungsgemeinschaft / Kommission für Geowissenschaftliche Gemeinschaftsforschung: Mitteilung ... der Kommission ...

© VCH Verlagsgesellschaft mbH, D-6940 Weinheim (Federal Republic of Germany), 1985
Alle Rechte, insbesondere die der Übersetzung in fremde Sprachen, vorbehalten. Kein Teil dieses Buches darf ohne schriftliche Genehmigung des Verlages in irgendeiner Form – durch Photokopie, Mikroverfilmung oder irgendein anderes Verfahren – reproduziert oder in eine von Maschinen, insbesondere von Datenverarbeitungsmaschinen, verwendbare Sprache übertragen oder übersetzt werden. Die Wiedergabe von Warenbezeichnungen, Handelsnamen oder sonstigen Kennzeichen in diesem Buch berechtigt nicht zu der Annahme, daß diese von jedermann frei benutzt werden dürfen. Vielmehr kann es sich auch dann um eingetragene Warenzeichen oder sonstige gesetzlich geschützte Kennzeichen handeln, wenn sie nicht eigens als solche markiert sind.
All rights reserved (including those of translation into foreign languages). No part of this book may be reproduced in any form – by photoprint, microfilm, or any other means – nor transmitted or translated into a machine language without written permission from the publishers. Registered names, trademarks, etc. used in this book, even when not specifically marked as such, are not to be considered unprotected by law.

Satz: Hagedornsatz, D-6806 Viernheim
Druck und Bindung: Zechnersche Buchdruckerei, D-6720 Speyer
Printed in the Federal Republic of Germany

Inhaltsverzeichnis

Vorwort 7

Mitteilungen der Geokommission 9

Die 35., 36. und 37. Sitzung der Geokommission 11

Albert-Maucher-Preise 1983 15

Über die Arbeiten zur Risikoabschätzung des Abbaus von
Erzschlämmen aus dem Atlantis-II-Tief im Roten Meer und
die Rückführung der Tailings 17

Marine mineralische Rohstoffe und ihre Umwelt 43

Frühe organische Evolution und ihre Beziehung zu Mineral- und
Energielagerstätten: Porträt eines IGCP-Projekts 57

Geochemie umweltrelevanter Spurenstoffe – Ein Bericht über das
Schwerpunktprogramm der Deutschen Forschungsgemeinschaft 73

Forschungsprobleme in den Werkstoffwissenschaften 105

Geowissenschaftliche Hochdruckforschung 117

Schwerefeld, Plattenbewegungen, Mantelkonvektion 129

Kontinentales Tiefbohrprogramm („KTB") der Bundesrepublik
Deutschland – Fortschritte und Stand 1984 147

Verzeichnis der Mitarbeiter dieses Heftes 167

Vorwort

Die Senatskommission für Geowissenschaftliche Gemeinschaftsforschung legt mit diesem Heft ihre Mitteilung XIV vor, die zugleich ihr 15. Arbeitsbericht ist. Der 14. Bericht wurde mit Mitteilung XIII gegeben.

Die Geokommission sieht in der regelmäßigen Herausgabe ihrer Mitteilungen eine Möglichkeit, den ihr übergebenen Auftrag – die Förderung der Zusammenarbeit in den Geowissenschaften – zu erfüllen. Sie hofft, auch dadurch den Kontakt zwischen den geowissenschaftlichen Forschern der verschiedenen Disziplinen, die an der Förderung der Arbeiten zur Erforschung der festen Erde durch die Deutsche Forschungsgemeinschaft interessiert sind, und der DFG sowie untereinander zu verbessern. Beiträge aus dem breiten Spektrum der Geowissenschaften sollen diesem Zweck dienen.

Alle Leser der Mitteilungen werden gebeten, sich mit Anregung und Kritik an die Geokommission zu wenden. In den Aufgabenrahmen der Geokommission passende Beiträge sollen auch künftig in den Kommissionsmitteilungen erscheinen.

Schließlich werden Interessenten, die dieses und die folgenden Hefte persönlich erhalten wollen, gebeten, dies dem Sekretär der Geokommission, Herrn Dr. F. W. Eder, Geologisch-Paläontologisches Institut, Goldschmidtstraße 3, 3400 Göttingen, mitzuteilen.

Die Geokommission sucht die Verbindung zu allen Erdwissenschaftlern.

Willi Ziegler
Vorsitzender der Geokommission

Mitteilungen der Geokommission

Auf seiner Sitzung am 18. Juni 1984 beschloß der Senat der Deutschen Forschungsgemeinschaft, die Senatskommission für Geowissenschaftliche Gemeinschaftsforschung – weitgehend in ihrer bisherigen Zusammensetzung – für weitere drei Jahre zu berufen.

Im Mai 1984 sind mit der 37. Sitzung der Geokommission die bisherigen Mitglieder Prof. Hahn, Aachen, Prof. Graf von Reichenbach, Hannover, und Prof. Schüller, Nürnberg, ausgeschieden.

Der Senat der DFG berief als neue Mitglieder der Geokommission

> Dr. D. Betz
> BEB Gewerkschaften Brigitta und Elwerath
> Riethorst 12, 3000 Hannover 51

als Vertreter der Angewandten Geologie in der Nachfolge von Prof. Schüller, und

> Prof. Dr. R. Walter
> Geologisches Institut der RWTH
> Wüllnerstraße 2, 5100 Aachen

als Vertreter der Tektonischen Geologie in der Nachfolge von Prof. Illies.

Die Berufung eines Vertreters des Faches Bodenkunde erfolgte am 18. Oktober 1984; berufen wurde

> Prof. Dr. K. H. Hartge
> Institut für Bodenkunde der Universität
> Herrenhäuser Straße 2, 3000 Hannover

als Nachfolger von Prof. Graf von Reichenbach.

Die 35., 36. und 37. Sitzung der Geokommission

von F. Wolfgang Eder, Göttingen, und Willi Ziegler, Frankfurt

Die Kommission setzte auf ihren letzten drei Sitzungen – der 35., im Mai 1983, der 36., im November 1983, und der 37., im Mai 1984, Sitzungsort war jeweils Bonn – ihre Beratungen über die aktuellen und drängenden Fragen geowissenschaftlicher Forschung fort.

Schon fast traditionelle Beratungspunkte waren auf allen Sitzungen die *„Marinen Geowissenschaften"* und die Vorerkundungsarbeiten des geplanten Großprojekts *„Kontinentales Tiefbohrprogramm der Bundesrepublik Deutschland (KTB)"* (vgl. hierzu Beitrag Althaus et al., S. 147).

Bei den „Marinen Geowissenschaften" standen die Ergebnisse des auslaufenden *„Deep Sea Drilling Project (DSDP)"* im Mittelpunkt aller Beratungen und führten zu der Empfehlung, daß die Bundesrepublik Deutschland sich auch künftig am Internationalen Tiefsee-Bohrprogramm, dem *„Ocean Drilling Program (ODP)"* beteiligen möge. Am 5. Mai 1984 unterzeichnete die Deutsche Forschungsgemeinschaft in Washington eine Vereinbarung mit der *National Science Foundation* über eine Beteiligung am ODP; die Bundesrepublik Deutschland ist somit das erste Vollmitglied neben den USA.

Weiter fortgesetzt und auf der 37. Sitzung abgeschlossen wurden Beratungen über ein zu gründendes *„Institut für marine Geowissenschaften (GEOMAR)";* zudem diskutiert wurde über mögliche deutsche Tauchprogramme (in der Tiefsee wie in Flachmeeren) sowie über *„Marine Rohstoff-Förderung und ihre ökologischen Konsequenzen"* (vgl. hierzu die Beiträge Thiel et al., S. 17, und Bäcker, S. 43).

Intensive Beratungen erforderten wieder die deutschen Projekte für das *Internationale Lithosphären-Programm (ILP) „Dynamics and Evolution of the Lithosphere";* hier sind vorrangig zu nennen Beiträge für die *„European Geotraverse (EGT)"* (vgl. hierzu Beitrag Giese, Geokommissions-Mitteilung XIII), das *Deutsche Kontinentale Reflexions-Programm (DEKORP)*, laufende bzw. geplante Projekte der *Erdbebenforschung,* der *Spannungsmessungen in der Lithosphäre* (im Sonderforschungsbereich 108, Karlsruhe), der Erforschung der *„Kontinentalen Unterkruste",* die Vorerkundungen für das „KTB" und Projekte der Mainzer Forschergruppe *„Akkretion und Differentiation des Planeten Erde...".* Die breit angelegte Vorerkundungsphase des „KTB" ist abgeschlossen worden mit der Empfehlung der Kommission, als erste Tiefbohrung des eventuellen Programms eine tiefe Kristallin-Bohrung in der *Oberpfalz* oder im *Schwarzwald* vorzusehen (vgl. Beitrag Althaus et al., S. 147). Die Geokommission begrüßte auf ihrer 37. Sitzung die Fortschritte, die im Kontinentalen Tiefbohrprogramm der Bundesrepublik Deutschland sowohl wissenschaftlich wie organisatorisch gemacht worden sind. Sie wünscht, daß durch das „KTB" ein Integrationsprogramm für alle Geowissenschaftler entsteht und ist bereit, im Rahmen der Mitarbeit der DFG im Programm, auch künftig verantwortlich - z. B. durch ihren jeweiligen Vorsitzenden und Sekretär - am „KTB" und in seinen Organisationsgremien mitzuwirken.

Neben diesen mit dem Internationalen Lithosphären-Programm in Zusammenhang stehenden Forschungsvorhaben befaßte sich die Kommission mit Projekten des *„International Geological Correlation Programme (IGCP)"* (vgl. hierzu Beitrag Schidlowski, S. 57). Die deutschen Landesausschüsse der genannten internationalen Programme „ILP" und „IGCP" haben beschlossen, eine gemeinsame Sitzung zum Thema „Zusammenarbeit mit der Dritten Welt im Rahmen des Internationalen Geologischen Korrelations-Programmes und des Internationalen Lithosphären-Programmes - Laufende Projekte, Koordinierungs- und Finanzierungsmöglichkeiten" im Dezember 1984 zu veranstalten.

Des weiteren beriet die Geokommission ausführlich die Projekte der geowissenschaftlich ausgerichteten Hilfseinrichtungen, Forschergruppen, Sonderforschungsbereiche und Schwerpunktprogramme.

Diskutiert wurden innerhalb der Kommission Abschlußberichte der Schwerpunktprogramme *„Geowissenschaftliche Hochdruckforschung"* (vgl. Beitrag Schreyer, S. 117), *„Geochemie umweltrelevanter Spurenstoffe"* (vgl. Beitrag Schwertmann, S. 73), *„Plattentektonik, Orogenese und Lagerstättenbildung am Beispiel der Iraniden"* (vgl. Beitrag Lensch & Schmidt, Geokommissions-Mitteilung XIII), *„Ingenieurgeologische Probleme im Grenzbereich zwischen Locker- und Festgesteinen"* und des - 1982 erfolgreich beendeten - Sonderforschungsbereichs 95, Kiel, *„Wechselwirkung Meer/Meeresboden".*

Breiten Raum widmete die Kommission den Forschungsplanungen, die z. T. auf von ihr empfohlenen Rundgesprächen betrieben wurden und sich mit den Vorbereitungen für mögliche Schwerpunktprogramme, Sonderforschungsbereiche oder andere Forschungsprojekte befaßten. Behandelt wurden u. a. *„Plattenkinematik und Schwerefeldstruktur"* (vgl. Beitrag Jacoby, S. 129), *„Kristallphysik und Kristallchemie von natürlichen und synthetischen Mineralen"* (s. hierzu Beitrag Küstner, S. 105), *„Fluviale Geomorphodynamik im Quartär"*, *„Stoffbestand, Struktur und Entwicklung der kontinentalen Unterkruste"*, *„Digitale geowissenschaftliche Kartenwerke"*, *„SCAN-Zentrum für Geowissenschaften"* und *„Sedimentation im europäischen Nordmeer"*.

Die genannten Beratungen führten z.T. zur Befürwortung von Anträgen auf Einrichtung eines Schwerpunktprogramms: Auf ihrer 36. Sitzung empfahl die Kommission die Einrichtung des (mittlerweile genehmigten) Schwerpunktprogramms *„Digitale geowissenschaftliche Kartenwerke"*, auf der 37. Sitzung befürwortete sie die Vorschläge für die Schwerpunktprogramme *„Stoffbestand, Struktur und Entwicklung der kontinentalen Unterkruste"* und *„Kristallstruktur, Realbau und Eigenschaften von anorganischen nichtmetallischen Mineralen und Werkstoffen"*.

Die Kommission empfahl die Veranstaltung eines Rundgesprächs *„Intraformationale Lagerstättenbildung"* und begrüßte die Initiative von Geomorphologen, eine koordinierte Programmplanung über *„Fluviale Geomorphodynamik im Quartär"* vorzunehmen. Des weiteren unterstützte sie den Plan, im Rahmen der Arbeiten des SFB 69, Berlin, *„Geowissenschaftliche Probleme in ariden Gebieten"*, ein Kolloquium zum Thema *„Geochemie der Verwitterung in der Erdgeschichte"* zu veranstalten.

In den letzten Beratungszeitraum der Kommission fiel auch die Etablierung der – aus Normalverfahrens-Programmen hervorgegangenen – Forschergruppe Berlin *„Mobilität aktiver Kontinentalränder"*. Befaßt hat sich die Kommission zudem mit den Problemen der Forschergruppe Münster *„Erde/Mond-System"* und der schon erwähnten Mainzer Forschergruppe *„Akkretion und Differentiation des Planeten Erde..."*, deren Pläne ein Kolloquium, das auch relevant ist für das Internationale Lithosphären-Programm, durchzuführen, unterstützt wurden. Ständig auf dem laufenden gehalten wurde die Geokommission über Ergebnisse der Schwerpunktprogramme *„Hydrogeochemische Vorgänge im Wasserkreislauf der gesättigten und ungesättigten Zone"*, *„Antarktisforschung"*, *„Kinetik mineral- und gesteinsbildender Prozesse"* und des schon erwähnten *„DSDP"*.

Die Kommission widmete sich den Hilfseinrichtungen der DFG, dem *„Zentrallaboratorium für Geochronologie"*, Münster, der *„Zentralstelle für*

Geophotogrammetrie und Fernerkundung", München (deren Charakter als Hilfseinrichtung der DFG 1984 endet), und dem *„Seismologischen Zentralobservatorium Gräfenberg".*

Wie schon in den vergangenen Jahren beriet die Geokommission über die Situation bestimmter geowissenschaftlicher Disziplinen und ihrer Methoden; sie empfahl z. B., die *„Planetologische Forschung"* in der Bundesrepublik Deutschland zu stärken, und befürwortete einen *Ausbau isotopengeologischer und -geochemischer Labors* (zur Intensivierung geochronologischer Forschung). Sie diskutierte über die Zusammenarbeit deutscher und ausländischer Geowissenschaftler (z. B. Afrika, Lateinamerika, Iran, China), stützte maßgeblich die Verhandlungen zur Fortsetzung der Kooperation mit sowjetischen Geowissenschaftlern, ging wissenschaftlich „heiße" Themen an (wie z. B. *Wünschelruten-Forschung)* und stand in stetigem Gedankenaustausch mit der *Alfred-Wegener-Stiftung* sowie den *geowissenschaftlichen Gesellschaften.*

Abschließend sei festgehalten, daß ein zentraler Tagesordnungspunkt der 37. Sitzung der Kommission die Kontaktaufnahme zum neu konstituierten *Fachausschuß „Geowissenschaften der festen Erde"* und seinen erst kürzlich gewählten Fachgutachtern war.

Albert-Maucher-Preise 1983

Die Deutsche Forschungsgemeinschaft vergab im Jahr 1983, am 20. Oktober im Wissenschaftszentrum Bonn, zum zweiten Mal den ALBERT-MAUCHER-Preis für Geowissenschaften.

Der Münchner Geologe Professor Dr. Albert Maucher hat der Deutschen Forschungsgemeinschaft im Jahr 1981 kurz vor seinem Tod 200 000 DM gestiftet. Maucher, der selbst am Beginn seiner wissenschaftlichen Laufbahn durch die DFG unterstützt worden war, verband damit den Wunsch, mit dieser Spende wiederum junge Geowissenschaftler zu fördern.

Aus den Mitteln dieser Stiftung vergab die Deutsche Forschungsgemeinschaft dieses Mal zwei ALBERT-MAUCHER-Preise: die mit jeweils 20 000 DM dotierten Preise wurden im Rahmen einer öffentlichen Veranstaltung an den 33jährigen Geophysiker Dr. Tilmann Spohn, Frankfurt, und den 39jährigen Meeresgeologen Dr. Gerold Wefer, Kiel, durch den Präsidenten Professor Dr. Eugen Seibold überreicht.

Beide Preisträger berichteten über ihre Arbeiten. Spohns Projekte befaßten sich bisher u. a. mit der Konvektion im Erdmantel und Erdkern und galten auch der Riftbildung auf Erde, Mars und Venus. Die Arbeiten Wefers galten der biogenen Karbonatproduktion, den Stoffkreisläufen im Meer, dem Lebensraum mariner Mikroorganismen und dem Erkennen von Klimaveränderungen in früheren Erdzeitaltern.

Ein Festvortrag von Professor Dr. H. Füchtbauer, Bochum, zum Thema „Die natürliche Verfestigung der Gesteine und ihre Bedeutung für die Aufsuchung von Erdöl und Erdgas" rundete die Verleihung der ALBERT-MAUCHER-Preise 1983 ab.

Über die Arbeiten zur Risikoabschätzung des Abbaus von Erzschlämmen aus dem Atlantis-II-Tief im Roten Meer und der Rückführung der Tailings

von Hjalmar Thiel, Horst Weikert und Ludwig Karbe, Hamburg

1 Einleitung

Nach Entdeckung und ersten Untersuchungen der *brine pools* und der darunter gelegenen Erzschlämme im Roten Meer in den sechziger Jahren, begann die PREUSSAG orientierende Explorationen in den Jahren 1969 mit der *„Wando River"* und 1971/72 mit der *„Valdivia".* Das wesentliche Ergebnis dieser Fahrten war die Einstufung der Schlämme im Atlantis-II-Tief als eine potentielle Erzlagerstätte. Das Königreich Saudi Arabien und die Demokratische Republik Sudan einigten sich 1974, die Exploration dieser Lagerstätte gemeinsam fortzusetzen. 1976 wurde durch die *Saudi-Sudanese Commission for the Exploitation of the Red Sea Resources* das Programm *„Atlantis-II-Deep Metalliferous Sediments Development Program"* mit dem Ziel angeregt, die Exploration fortzuführen, die Abbau- sowie die Aufbereitungs-Technologie zu entwickeln und nicht zuletzt eine Risiko-Abschätzung der mit dem Abbau der Lagerstätte verbundenen Umweltbelastung vorzunehmen. Die frühe Einbeziehung ozeanographischer Untersuchungen in ein industrielles Entwicklungsprogramm muß besonders hervorgehoben werden. Diese Entscheidung basierte auf der Einsicht, daß ozeanische Umweltstudien nur mit erheblichem Zeitaufwand durchführbar sind. Der Beschluß ist aber auch auf die seinerzeit nur im Entwurf bestehende *„Jeddah Convention"* zum Schutze des Roten Meeres zurückzuführen. Diese Entwicklung zeigt, daß sich selbst noch nicht ratifizierte Konventionen positiv auswirken können. Indem sie bereits im Vorgriff zur Anwendung gelangen, wird vermieden, daß bei späterem Inkrafttreten eines solchen Vertragswerkes die angelaufenen industriellen Entwicklungen oder gar die kommerzielle Nutzung durch umweltpolitische Forderungen gestoppt oder zumindest unter nachträglichen Auflagen modifiziert werden müssen.

Die ozeanographischen Forschungsarbeiten wurden auf drei Expeditionen im Rahmen der MESEDA-Programme (**Me**talliferous **Sed**iments **A**tlantis-II-Deep) durchgeführt:

MESEDA 1	„*Sonne*", So-02	1977
MESEDA 2	„*Valdivia*", VA-22	1979
MESEDA 3	„*Valdivia*", VA-29	1980/81

Sie umfaßten hydrographische Untersuchungen mit Probenserien und Strömungsmessungen, mit der Bestimmung von Nährstoffen, der Erfassung von Plankton, Nekton und Benthos sowie ökotoxikologische Experimente mit Originalschlamm und Tailings (Bergematerial). Außerdem wurden Computer-Modelle zur Zirkulation der Wassermassen im Roten Meer und zum Transport der Tailings erstellt und gerechnet sowie die Ausbreitung von Tailingswolken verfolgt. Die biologischen und die öko-toxikologischen Untersuchungen wurden von den Autoren dieses Artikels geleitet.

Die Kosten für die Umweltuntersuchungen wurden gemeinsam von der *Red Sea Commission* und dem *Bundesministerium für Forschung und Technologie* der Bundesrepublik Deutschland getragen.

Die Ergebnisse liegen in Berichten und einer zusammenfassenden Umwelt-Studie (Karbe, Thiel, Weikert & Mills (Herausgeber) 1981) an die *Saudi-Sudanese Red Sea Joint Commission,* sowie in Publikationen und in einem Bericht an das *Bundesministerium für Forschung und Technologie* (Lange, Post, Bäcker, Karbe, Thiel, Weikert 1983) vor, in dem auch weitere Publikationen zitiert sind.

Dieser Artikel basiert auf einem Vortrag des Erstautors vor der Kommission für Geowissenschaftliche Gemeinschaftsforschung der Deutschen Forschungsgemeinschaft im Mai 1983, in dem die Ergebnisse der Umweltuntersuchungen kurz zusammengefaßt wurden, soweit sie die Abschätzung einer Belastung des Ökosystems durch die Tailings betreffen.

2 Problem-Quantifizierung

Frühzeitige Abschätzungen zur Wirtschaftlichkeit der Gewinnung von Metallen aus den Erzschlämmen des Atlantis-II-Tiefs (Abb. 1) ergaben, daß die Wertanteile bereits an Bord des Förderschiffes abgesondert und die Tailings an Ort und Stelle wieder in die See eingebracht werden müssen (siehe auch Bäcker 1984). Die Umweltprobleme ergeben sich aus den Tailings-Volumina (Tab. 1) und den Tailings-Charakteristiken (Tab. 2). Tab. 1, 2

Tabelle 1: Erwartete tägliche Transportmengen von Originalschlamm aus dem Atlantis-II-Tief und der Tailings (abgerundete Werte in 10^3 t).

Fördermenge von Originalschlamm	100
Verdünnung mit Seewasser (geringer Anteil Sole)	100
Verdünnung mit Flotationsprozeß mit Oberflächenwasser	200
Filterkuchen zum Transport an Land	2
Originalschlammanteil in den Tailings	98

Tabelle 2: Tailings-Charakteristika (mittlere Werte).

Gehalt an Feststoffen	25 g/l
Salzgehalt	150 g/l
Dichte	1.1 g/cm^3
Temperatur	35 °C
Korngröße der Feststoffe	60 % < 2 µm
Mineralische Zusammensetzung	überwiegend amorphe Silikate und Eisenhydroxide
Metallische Komponenten (Reihung mit abnehmender Konzentration)	Hauptbestandteile: Fe, Mn, Al, Zn, Cn Spurenbestandteile: Pb, As, Va, Co, Ni, Sb, Ag, Cd, Hg u. a.

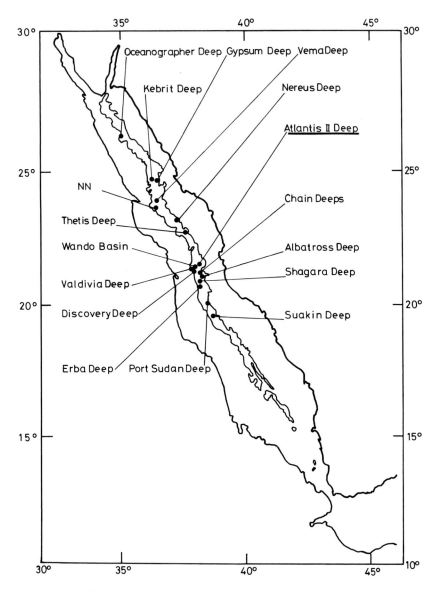

Abb. 1: Das Rote Meer mit dem Zentralgraben und den Tiefs, in denen hydrothermale Aktivitäten gefunden worden sind.

98 000 t Schlamm von originaler Konsistenz müssen also, gewichtsmäßig auf das Vierfache mit Seewasser verdünnt, zurückgeleitet werden. Aus Tabelle 2 geht hervor, daß die Tailings einen erhöhten Salzgehalt haben werden, und daß die partikuläre Substanz zu einem erheblichen Anteil aus feinsten Korngrößen besteht. Das Hauptgefährdungspotential liegt in ihrem Gehalt an toxischen Spurenkomponenten. Als Gesamtmenge bedeutet dieses einen erheblichen Eintrag in das Rote Meer, der etwa der Metallfracht des Rheins entspricht.

Für die Beurteilung des Verbleibs der Tailings müssen ihre partikuläre und die flüssige Phase gesondert betrachtet werden. In Laborexperimenten mit verschiedenen Testorganismen wurden toxische Wirkungen beider Phasen untersucht (Karbe & Nasr 1981).

3 Biologisch-ozeanographische Grunderkenntnisse

Das Rote Meer wird zu den oligotrophen Meeresgebieten gerechnet, die sich durch geringe Produktion und entsprechend geringe Bestandsdichten auszeichnen. Während solche Gebiete in anderen Ozeanen von den zentralen Bereichen der großen Strömungswirbel gebildet werden, bezieht sich diese Aussage im Roten Meer auf den gesamten ozeanischen Bereich, mit Ausnahme schmaler Zonen im äußersten Norden vor der Halbinsel Sinai, und im Süden, im Übergangsbereich zwischen dem Roten Meer und dem Indischen Ozean. Die neritische Zone mit den Korallenriffen weist eine höhere Produktion auf, und es ist damit zu rechnen, daß ein gewisser Transport von organischer Substanz aus den Riffen in das ozeanische Pelagial und das Benthal gelangt. Dadurch wird jedoch die charakteristische geringe Besiedlung des ozeanischen Lebensraumes nicht wesentlich verändert (Weikert 1981). Wie in anderen Meeresgebieten findet sich auch im Roten Meer eine intensive Vertikalwanderung von Plankton und Nekton im Tagesrhythmus (Abb. 2).

Plankton und Benthos zeigen überall geringe Bestände (Abb. 3-6). Weikert (1982) verglich die Dichte des Plankton mit derjenigen in anderen oligotrophen Gebieten und fand in Wassertiefen bis etwa 800 m ähnliche Werte. Darunter jedoch ergaben sich für das Rote Meer Planktongewichte, die um den Faktor 10 tiefer lagen (Abb. 7). Auch Thiel (1979, 1983) stellte für vergleichbare Tiefen die geringsten Zahlen für die Meiofauna im Roten Meer fest. Beide Autoren kommen zu dem Schluß, daß Bestandsdichten,

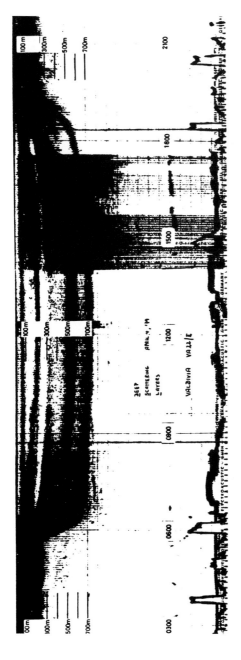

Abb. 2: Die Vertikalwanderung von Plankton und Nekton nach Echolotaufzeichnungen (30 kHz) am 4. April 1979, Valdivia 22, über dem Atlantis-II-Tief. Bis etwa 05.30 Uhr befinden sich die Organismen in der oberen Wasserschicht. Durch den Abstieg gliedert sich der Bestand in fünf Schichten, deren tiefste übe~700 m erreicht. Nach 17.00 Uhr beginnt der Aufstieg, der bis etwa 19.30 Uhr abgeschlossen ist. Von etwa 14.00–17.30 Uhr ist die Aufzeichnung gestört. Dieses Bild demonstriert den erheblichen Transport von Biomasse im Tagesrhythmus.

Der Meeresboden gibt kein zusammenhängendes Bild, da auf mehreren Stationen während des Tages gearbeitet worden ist. Die ebene Reflektionsfläche zwischen 03.00 und 06.00 Uhr und in der Zeit um 19.00–20.00 Uhr stellt die Grenzschicht der Salzlauge dar.

Abb. 3: Die Bodenoberfläche ist meist eben und kaum durch Bioturbation gestört. Die dunkleren Flecken und Streifen aus grobem Material werden hauptsächlich von Pteropodenschalen gebildet. Eine Garnele und ihr Schatten.
(Fotoschlittenaufnahme: Valdivia 29, Station 738, Nr. 226. Wassertiefe etwa 1100 m)

Abb. 4: Ein Komplex von Löchern und Hügeln, deren Verursacher nicht bekannt sind. Das watteartige Material über einigen Hügeln und Löchern deutet auf geringe Störung und unbesiedelte Höhlen. (Valdivia 29, Station 757, Nr. 151. Wassertiefe etwa 650 m).

Abb. 5: Biogener Fels ohne Epifauna, einige Gastropodenschalen. (Valdivia 29, Station 733, Nr. 424. Wassertiefe etwa 720 m).

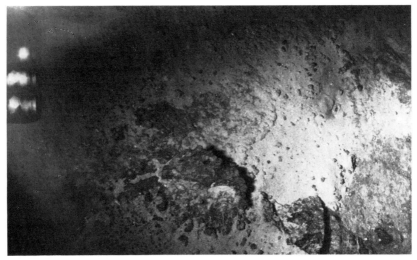

Abb. 6: Durch das Sediment hervorragender Fels, keine Besiedlung durch erkennbare Tiere. (Valdivia 29, Station 738, Nr. 360. Wassertiefe etwa 1120 m).

wie sie im Roten Meer in 1000–2000 m Tiefe auftreten, in den anderen Ozeanen erst unterhalb von 4000 oder gar 6000 m vorkommen.

Im Roten Meer ist auch die Artenvielfalt im Plankton (Kimor 1973) gering und sie nimmt mit zunehmender Tiefe ab (Weikert 1982). Nach den Beobachtungen an Bord gilt das auch für das Benthos. Aufgrund seiner besonderen physikalischen Verhältnisse ist der Lebensraum vermutlich schwierig zu besiedeln (Abb. 8, 9). Die hohe Temperatur und der hohe Salzgehalt in allen Tiefenzonen hindern offensichtlich zahlreiche Arten daran,

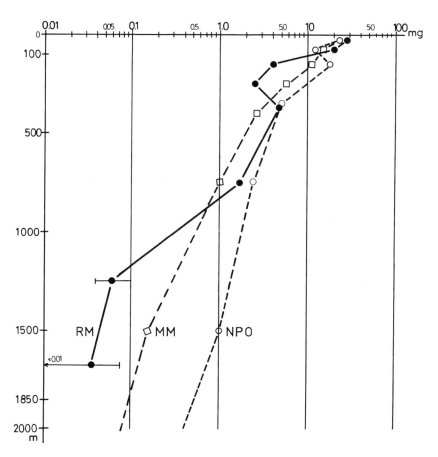

Abb. 7: Die Vertikalverteilung der Planktonbiomasse (in mg) im Nordpazifischen Ozean (NPO), im Mittelmeer (MM) und im Roten Meer (RM) (aus Weikert 1982).

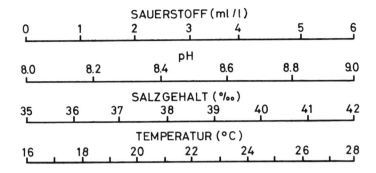
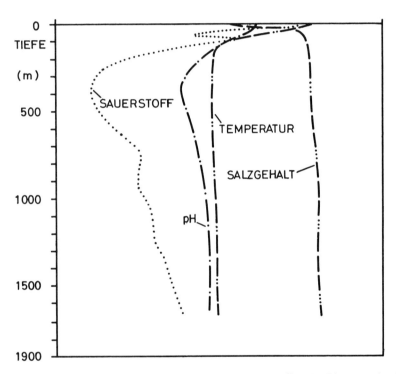

Abb. 8: Tiefenprofile von Temperatur, Salzgehalt, Sauerstoff und pH im zentralen Roten Meer.

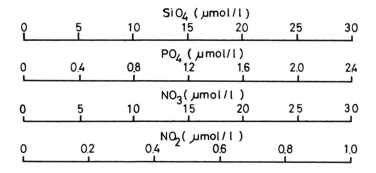
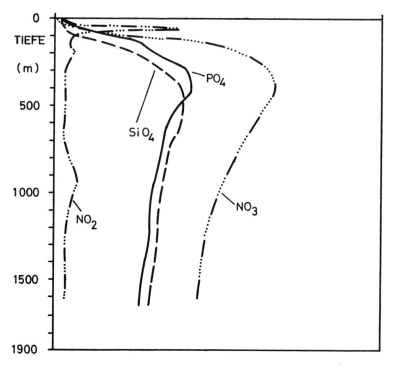

Abb. 9: Tiefenprofile von Nitrat, Nitrit, Phosphat und Silikat im zentralen Roten Meer.

aus dem Indischen Ozean in das Rote Meer dauerhaft vorzudringen. Für die relativ kurzfristig lebenden Planktonorganismen rechnet Weikert (1980, 1981) mit einem regelmäßigen saisonalen Nachschub aus dem Indik. Dieses läßt sich aus der räumlichen und zeitlichen Abnahme der Bestände bzw. dem Verschwinden vieler Arten von Süden nach Norden und aus dem Fehlen bestimmter Entwicklungsstadien im Roten Meer ableiten. Der ökologische Streß auf diese Arten könnte die Fortpflanzung oder das Überleben insbesondere von Jugendstadien verhindern. Jedoch zeigen zahlreiche Arten im Roten Meer ein Vorstoßen in größere Wassertiefen, soweit das heute nach unseren Kenntnissen über die Tiefenverbreitung der Arten beurteilt werden kann (Thiel, im Druck). Geringerer Artenbestand und fehlende Konkurrenz könnten dieses Phänomen im Vergleich zu anderen Meeren teilweise erklären.

Im Zooplankton und Mikronekton ist eine solche Submergenz von Flach- und Mittelwasserarten nicht gefunden worden, obwohl die Tiefen unterhalb 1100 m nicht durch bathypelagische Arten besiedelt sind. Nahrungsmangel mag in diesem Fall der limitierende Faktor sein, der sich andererseits auch auf das Benthos auswirken müßte. Allein aus der „Entvölkerung" des Tiefenwassers durch Zooplankton und Mikronekton ergibt sich, daß eine nennenswerte Transporteffizienz der täglichen Vertikalwanderungen im Roten Meer auf die oberen 1000 m der Wassersäule beschränkt sein muß. Tatsächlich ergaben artspezifische Analysen keinen Hinweis auf entsprechende Wanderungen im Tiefenwasser (Weikert 1981).

Schließlich unterscheiden sich die Organismen, und damit die gesamten Lebensgemeinschaften, offensichtlich durch einen relativ hohen Erhaltungsstoffwechsel gegenüber den Organismen in anderen Ozeanen (Thiel 1981). Respirationsintensität und die Aktivität des Elektronen-Transport-Systems, ein Maß für das potentielle Atmungsniveau, wurden an benthischen Lebensgemeinschaften gemessen. Die Ergebnisse lassen sich durch den Vergleich mit Daten aus dem Atlantik deuten (Pfannkuche, Theeg & Thiel 1983). Für das Rote Meer ergibt sich bei geringer Biomasse eine relativ hohe Respiration, die sich vermutlich – aufgrund der hohen Temperatur – aus einem erhöhten Erhaltungsstoffwechsel der Organismen erklärt. Diese allgemeine Deutung erlaubt die Übertragung des Ergebnisses auch auf Plankton und Nekton. Die für alle Lebensprozesse zur Verfügung stehende Energie wird demnach, im Vergleich zu anderen ozeanischen Gebieten, in stärkerem Maße für den Erhaltungsstoffwechsel benötigt und kann daher nur in geringem Umfang für die Produktion eingesetzt werden. Anthropogene Umweltbelastung könnte zu einem erhöhten Energieaufwand für den Erhaltungsstoffwechsel führen und sich dementsprechend auf Wachstum und Fortpflanzung der Organismen negativ auswirken.

Auch wenn quantitativ geringe Unterschiede zwischen dem Norden und dem Süden vorhanden sind, kann das Rote Meer in seinen Tiefenzonen biologisch, in Artenzusammensetzung und Ökologie, als eine Einheit betrachtet werden. Geringe Bestandsdichten, geringe Artenzahl und das Leben unter ökologischem Streß in einem Extrembiotop charakterisieren eine Lebensgemeinschaft als besonders gefährdet gegenüber Veränderungen in der Umwelt. Es bedarf also besonderer Vorsicht, um dieses System nicht aus dem Gleichgewicht zu bringen.

4 Baseline-Studien: Metalle in Wasser, Sediment und Organismen

Ausgehend von den uns vorliegenden analytischen Befunden sowie der Abschätzung der über einen Zeitraum von vielleicht zehn bis fünfzehn Jahren insgesamt einzubringenden Tailings-Mengen, ist es für keines der in Tabelle 2 aufgeführten Metalle und Metalloide auszuschließen, daß ihre Konzentrationen in Wasser und Sedimenten zumindest regional zunehmen können. Mit Umweltproblemen ist zu rechnen, falls es über Phänomene der Bio-Akkumulation zu erhöhten Schwermetall-Konzentrationen in Fischen kommt, die in einigen Bereichen längs der Küsten des Roten Meeres die Hauptnahrungsbasis der einheimischen Bevölkerung bilden. Um in diesem Teilkomplex zu einer Risiko-Abschätzung kommen zu können und um eine Basis zu schaffen für ein zukünftiges Überwachungsprogramm, war es zunächst erforderlich, Informationen zu sammeln über die natürliche Variabilität von Metallgehalten in dem noch ungestörten Umfeld des späteren Fördergebietes.

In ausgewählten Lokalitäten im Atlantis-II-Gebiet, aber auch an Referenzstationen im Süden und im Norden des Roten Meeres wurden Tiefen-Serien von Wasserproben entnommen und vorerst auf insgesamt 18 Elemente analysiert. Für die Mehrzahl dieser Elemente konnten Konzentrationen ermittelt werden, wie sie neueren Literaturwerten aus dem Pazifischen und Atlantischen Ozean entsprechen (Karbe, Moammar, Nasr & Schnier 1981). Die Befunde deuten hin auf eine Verarmung an Metallen im Oberflächenwasser als Folge einer Aufnahme durch Planktonorganismen und auf generell erhöhte Werte in bodennahen Schichten (Abb. 10). Die

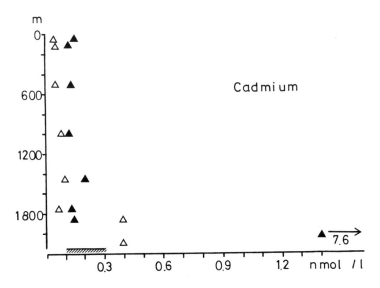

Abb. 10: Tiefenprofil von gelöstem Cadmium (n mol/l) über dem Atlantis-II-Tief (offene Dreiecke) und über dem Shagara Tief (geschlossene Dreiecke). Links unten Tiefe des Meeresbodens.

bisherigen Befunde reichen nicht aus, um sich ein zusammenhängendes Bild von der Spurenmetall-Biogeochemie des Roten Meeres zu machen.
  Sedimentproben wurden bisher lediglich im Bereich des zentralen Roten Meeres im näheren Umfeld des Atlantis-II-Tiefs und auf den westlich und östlich angrenzenden Terrassen auf 34 Elemente untersucht. Für den überwiegenden Teil der Analysen ergaben sich Tendenzen einer Zunahme mit der Tiefe des Entnahmeortes (Karbe et al. 1981).
  Aus dem Spektrum der während der MESEDA Fahrten mit verschiedenem Gerät gefangenen Organismen erwiesen sich Tiefseegarnelen (Abb. 11) aus den Familien *Pandalidae, Penaeidae* und *Palaemonidae* am ehesten für einen regionalen Vergleich der Spurenmetall-Gehalte geeignet. Der regelmäßig zu wiederholende Fang dieser Garnelen und ihre Analyse auf Metalle und andere Problemstoffe wurde von uns auch für das zu organisierende spätere Umwelt-Überwachungsprogramm vorgeschlagen. Aus einer Reihe der analysierten Metalle und Metalloide ergab sich fürs Arsen, Cadmium (Abb. 12), Kupfer, Quecksilber, Silber und Zink eine ausgeprägte Zunahme der Konzentrationen mit der Tiefe der Sammellokalität.

Abb. 11: Tiefseegarnelen aufgenommen in einer beköderten Falle. Bildmitte: reusenförmiger Eingang, links und rechts davon: kleine Fallen aus 1,5 l Plastikflaschen. Das zaunartige Muster ist das Netz der Fotofalle, das sich gelöst und vor die Kamera gezogen hat. Einsatztiefe 740 m. Die Fotofalle diente dem Erkennen von Verhaltensweisen von Fischen und Garnelen. Diese Arbeiten führten zur Konstruktion kleinerer Fallen, die nach dem Freifallprinzip funktionieren. Sie sind für das Monitoring des in das Meer zurückgeleiteten Schlammes während der Pilotphase und während des kommerziellen Abbaus von Bedeutung.

Bei Elementen wie Selen und Gold war diese Tendenz weniger deutlich. Andere Spurenelemente ergaben andere Verteilungsmuster wie Maxima in mittleren Tiefen oder auch eine Abnahme mit der Tiefe. Ähnliche Tendenzen konnten auch für Bodenfische ermittelt werden. Allerdings ist der regionale Vergleich wegen der artlichen Heterogenität wesentlich erschwert (Karbe et al. 1981).

Die Frage, ob regional auch außerhalb der *brine pools* meßbare Gradienten im Zusammenhang mit hydrothermalen Aktivitäten zu sehen sind, kann noch nicht abschließend beantwortet werden.

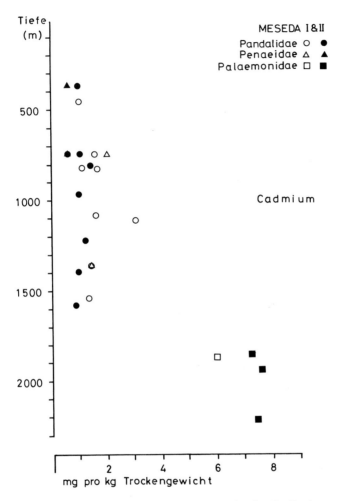

Abb. 12: Tiefenprofil der Cadmium-Konzentration (mg/kg Trockengewicht) in Garnelen.

5 Simulationsmodelle und Tests zum Verbleib der Tailings

Zur Abschätzung des Risikos für die Umwelt und die Organismen muß die Frage geklärt werden, wie sich die Tailings nach der Einleitung in das Wasser verhalten werden. Dazu ist es erforderlich, mit verschiedenen Voraussetzungen und Annahmen die Antwort einzukreisen, so lange nicht ein realistischer, auf die Wirklichkeit übertragbarer Großversuch das wahre Verhalten aufzeigt.

Alle Überlegungen zu diesem Fragenkomplex basieren auf einer frühzeitig im gesamten Entwicklungsprozeß von uns aufgestellten Forderung: Die Tailings *müssen* in das Tiefenwasser eingeleitet werden, unterhalb der biologisch aktiven Zone! Diese war seinerzeit noch nicht definiert, und die Einleitungstiefe ist auch heute noch nicht endgültig festgesetzt. Es konnte jedoch Übereinstimmung darin erzielt werden, daß die Tailings im Zentralgraben verbleiben sollen. Das entspricht der Tiefe minimaler Besiedlung und ist deutlich unterhalb derjenigen Tiefe, die noch von Arten besiedelt wird, die tägliche Vertikalwanderungen zur Meeresoberfläche ausführen.

5.1 Das Gravity-Flow-Modell

Das Gravity-Flow-Modell wurde von Jancke (1981) erstellt. Es basiert auf der Annahme, daß sich die Tailings weitgehend als ein geschlossener Strom durch die vorhandene Wassermasse bewegen und Verwirbelungen im Außenbereich und entsprechende Wolkenbildungen nicht entstehen, wenn der Wasserkörper homogen ist. Da Dichteschichten im tiefen Wasser des Roten Meeres nicht auftreten, sollen die Tailings fast ungestört bis zum Boden durchfließen (Abb. 13). Dort erst kommt es zur Bildung einer Bodenwolke, über deren weitere Ausbildung allerdings nichts bekannt ist.

Dieser Fall würde vermutlich zu einer eng begrenzten Ablagerung der partikulären Substanz führen, wenn nicht gar zu einer unerwünschten Rücksedimentation in die Lagerstätte. Über den Verbleib der flüssigen Tailingsphase wird keine Aussage gemacht.

5.2 Das Momentum-Jet-Flow-Modell

Dieses Modell von Mill (1981) basiert auf Experimenten und auf der aus den Ergebnissen abgeleiteten Voraussetzung, daß sich ein vollkommen

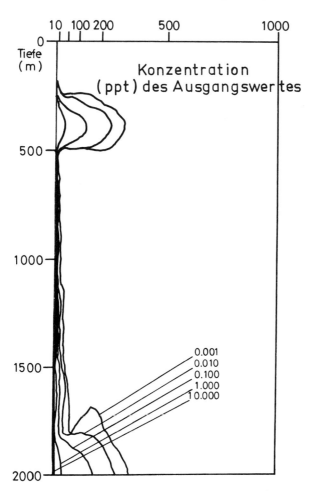

Abb. 13: Simulationsergebnis eines Gravity-Flow bei Einleitung der Tailings in 200 m Tiefe nach 3,5 Stunden. In 400 m Tiefe ist eine Dichtesprungschicht angenommen worden. Das Material bildet Suspensionswolken im Bereich der Sprungschicht und über dem Meeresboden (aus Jancke 1981).

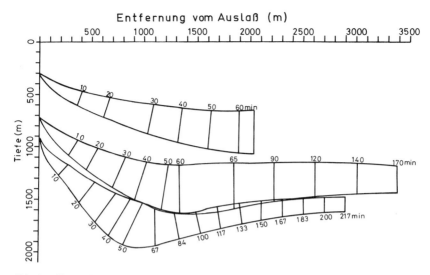

Abb. 14: Simulationsergebnisse eines Momentum-Jet-Flow bei Einleitung der Tailings in 300, 700 und 900 m Tiefe. Angegeben sind die Entfernung von der Einleitungsstelle und die Dauer (aus Mill 1981).

turbulenter Jetstrom ausbildet. Etwa 100 m unter dem Ende des Ausflußrohres entsteht durch turbulente Diffusion eine Wolke (Abb. 14). Nach 1-2 Stunden erreicht diese Wolke eine horizontale Entfernung von etwa 2000 m vom Fallrohr. Die Wolke wird vom Strömungssystem erfaßt und transportiert, in Abhängigkeit von ihren Sinkcharakteristika fallen die Partikel aus und sedimentieren. Im Langzeitmodell erreicht die Wolke nach etwa sieben Wochen eine *steady state-Phase:* Zufuhr neuer Partikel und Sedimentation gleichen einander aus, so daß dann unter der Voraussetzung gleichbleibender Strömungsbedingungen die Wolke ihre endgültige Ausdehnung besitzt. Sie wird in ihrer Lage jedoch nicht konstant sein, sondern mit dem Strömungssystem verändert werden, und sie kann im Extremfall innerhalb des Grabensystems in die entgegengesetzte Richtung driften. Im *steady state* Zustand erreicht die Wolke unter den vorgegebenen Annahmen eine Flächenausdehnung von etwa 1500 km^2, und das entspräche auch der maximalen Sedimentationsfläche bei regelmäßig einseitig gerichtetem Transport.

5.3 Versuch mit Tailings-Einleitung und Wolkenbildung

Während des *Pre-Pilot-Mining-Tests* (PPMT) mit der „*Sedco 445*" im Frühjahr 1979 wurde ein Verklappungsversuch mit der Einleitung von 16 000 m^3 Tailings mit einem Feststoffgehalt von 10–40 g/l in der für kommerziellen Abbau zu geringen Tiefe von 400 m vorgenommen. Die Partikelwolke, die sich ausgebildet hatte, wurde mit einem 30 kHz Schelfrandecholot (Abb. 15) und mit einem Trübungsmeßgerät auf einem *Deep Tow* vermessen (Mill 1981). Auch wenn die Bedingungen nicht denen entsprachen, die im kommerziellen Abbau verwendet werden sollen, so zeigte sich doch, daß eine Wolkenbildung stattfindet und die Tailings verdriftet werden. Das Maximum des partikulären Materials fand sich in einer Wassertiefe von 700–800 m, also 300–400 m unterhalb der Ausströmöffnung.

5.4 Versuch mit Tailings-Einleitung und Iridium als Markierungsstoff

Iridium kommt in den Sedimenten des Roten Meeres nur in außerordentlich geringen Konzentrationen vor und eignet sich daher als experimenteller Markierungsstoff. Dieses Metall wurde in Quarz eingeschmolzen und dann zu Korngrößen vermahlen, wie sie den Tailings entsprechen. Das Material wurde zusammen mit Tailings während des PPMT in 400 m Tiefe eingeleitet. Im Bereich der Verklappungsstation war die Tiefenströmung zu der Zeit nach Norden gerichtet. Iridium wurde nach Schnier und Fanger (1983) in 12 km Entfernung in südlicher Richtung sowie in 90 km Entfernung in nördlicher Richtung gefunden. Diese Entfernungen und die daraus abzuschätzende Ablagerungsfläche sind größer, als es nach dem Modell von Mill zu erwarten war. Die Probenzahl reicht allerdings nicht zu einer abschließenden Beurteilung des Tailings-Transportes aus. Sie kann jedoch in den kommenden Jahren durch weitere Aufsammlungen von Oberflächensedimenten erweitert werden, da sich dieses Markierungsmaterial über längere Zeit nicht verändert und Sedimentation sowie Bioturbation im Zentralgraben ausreichend gering sind.

5.5 Vergleich der Simulationsmodelle und der Tests

Die während der PPMT durchgeführten Versuche, das Verfolgen der Tailings-Wolke und das Markierungsexperiment, lassen erkennen, daß sich, wie im Jet-Flow-Modell angenommen, der Materialstrom auflöst, und

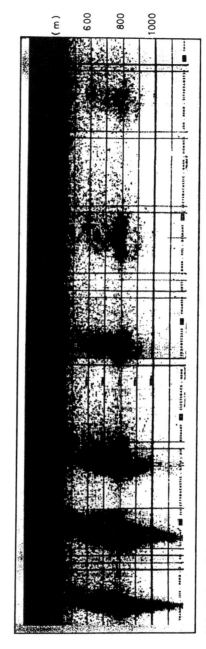

Abb. 15: Sechs Echolotprofile zeigen die Bildung einer Tailingswolke während des Pre-Pilot-Mining-Tests bei Einleitung der Tailings in 400 m Tiefe. In 800 m Tiefe erreicht die Wolke ihre stärkste Ausdehnung. Dieses Ergebnis macht deutlich, daß die Einleitungstiefe 400 m zu flach ist.

sich eine Wolke ausbildet, die verdriftet wird. Die Beobachtung der Tailings-Wolke hat allerdings gezeigt, daß die Wolkenbildung nicht dem Modell entsprach, andererseits waren die für das Modell angenommenen Voraussetzungen in dem Versuch auch nicht gegeben.

Das Ergebnis des Iridium-Experimentes ist nur bedingt mit den Vorhersagen aus dem Modell vergleichbar. Da sich die Wolkenausdehnung und die Sedimentationsflächen bereits für die angenommenen Einleitungstiefen in 800 und 1000 m stark unterscheiden, kann die Einleitung in 400 m Tiefe kaum Modellcharakter besitzen.

Alle diese Berechnungen müssen zunächst als Ansätze zu einer Abschätzung des Verbleibs der Tailings betrachtet werden. Sie haben keinen realen Hintergrund, da sie von zahlreichen Annahmen und Versuchsbedingungen ausgehen, wie sie im kommerziellen Abbau der Erzschlämme nicht auftreten werden.

6 Risikobewertung und Ausblick

Das MESEDA Programm ist Ende 1981 mit unserem Bericht „Mining of metalliferous sediments from the Atlantis-II-Deep, Red Sea: Pre-mining environmental conditions and evaluation of the risk to the environment" (Karbe, Thiel, Weikert, Mill 1981) mit Beiträgen von Autoren der PREUSSAG und von anderen Institutionen zu einem vorläufigen Abschluß gekommen. Parallel dazu wurde von der PREUSSAG eine Wirtschaftlichkeitsstudie erstellt. Beide Berichte bilden die Basis für Entscheidungen über die Fortführung des Vorhabens.

Auf der Grundlage der bis zu dem Zeitpunkt erarbeiteten Kenntnisse war eine Aussage über das mit dem Abbau der Erzschlämme und die Rückleitung der Tailings in das Rote Meer verbundene Umweltrisiko zu geben.

Das Pelagial wird aus drei Quellen belastet: Von geringerer Bedeutung dürften die Abfälle vom Abbauschiff und die Vernichtung von Plankton im Flotationsprozeß sein. Eine mögliche Gefährdung dieses Lebensraums basiert auf dem Eintrag toxischer Substanzen, die, mit den Tailings eingebracht, sich im Wasser lösen können. Die aus Laborexperimenten vorliegenden Befunde über Reaktionen zwischen Tailings und Seewasser sind noch unzureichend und teilweise sogar widersprechend. Bisher können keinerlei Aussagen über Langzeiteffekte gemacht werden. Außerdem ist nicht bekannt, in welcher Weise die Organismen des ozeanischen Pelagials auf erhöhte Konzentrationen metallischer Schadstoffe reagieren. Eine Übertragung der mit Standard-Testorganismen gewonnenen Ergebnisse ist im Hinblick auf Grenzwert-Betrachtungen nicht möglich. Unter Berücksichtigung der bisher vorliegenden Ergebnisse zur geochemischen und toxikologischen Charakterisierung der Tailings würde ihre Einbringung in die biologisch aktiven Bereiche des Epi- und Mesopelagials ein nicht vertretbares Risiko bedeuten. Bei Einleitung in die lebensarme Zone unterhalb von 1000 m erscheint jedoch das Umweltrisiko ausreichend gering. Die Effekte der partikulären Phase werden wesentlich weniger bedeutsam sein. Diese Forderung entspricht auch den Belangen zum Schutze des Benthos. Durch die Einbringung der Tailings in diese Tiefen dürften ebenso die nur etwa 100 km entfernt liegenden Korallenriffe ausreichend geschützt sein.

Gehen wir von der von den Biologen geforderten und später allgemein akzeptierten Tiefeneinleitung, z. B. in 1000 m Wassertiefe aus, so gibt das Momentum-Jet-Flow Simulationsmodell die „worst case conditions" für die partikuläre Phase vor. Nach überschlägigen Berechnungen würden die Tailings auf einer Fläche von 1500 km^2 bei einseitiger Verdriftung oder 3000 km^2 bei zweiseitiger Verdriftung innerhalb des Zentralgrabens sedimentieren. Diese Bedeckungsfläche entspricht einem Anteil von 2 oder 4 % der Bodenfläche unterhalb von 1500 m Tiefe. Im Abbauzeitraum von 15-25 Jahren ergäbe sich eine Belegungsdichte von gleichmäßig 40 oder 20 cm in der Konsistenz des Originalschlamms. Die benthischen Organismen werden diese verstärkte Sedimentation vermutlich überstehen, sofern sie nicht festsitzend sind. Nimmt man wiederum den ungünstigsten Fall, so würden alle Organismen in diesem Bereich absterben. Da Lebensraum und Lebensgemeinschaft in der Tiefsee über die ganze Länge des Roten Meeres einheitlich zu sein scheinen, dürfte das Verlustrisiko seltener Organismenarten ausreichend gering sein. Mit einer Wiederbesiedlung der Ablagerungsfläche kann gerechnet werden.

Allerdings beziehen sich diese Aussagen nur auf die partikuläre Phase der Tailings. Über den Verbleib der flüssigen Phase und über die Lösung von Schadstoffen aus den Partikeln während des Absinkens und auch nach der Ablagerung ist nichts bekannt. In diesem Zusammenhang muß auch auf die sehr kleinen Partikel hingewiesen werden, die bezüglich ihrer Drifteigenschaften quasi im Übergangsbereich zwischen der partikulären und der flüssigen Phase liegen und durch außerordentlich geringe Sinkgeschwindigkeiten gekennzeichnet sind. 60 % der Partikel sind < 2 µm, und das bedeutet für einen großen Anteil der partikulären Substanz sehr langsames Absinken und gegebenenfalls auch Transport über die vom Simulationsmodell angegebenen Grenzen hinaus.

Über die Auswirkungen des Schlammabbaus aus dem Atlantis-II-Tief und über diejenigen der Tailings auf das Wasser und die Organismen wird man weiter nachdenken müssen. Computermodelle werden vielleicht noch eine bessere Annäherung an das tatsächliche Verhalten der Tailings bringen, aber sichere Auskunft kann letztlich nur ein Großversuch geben. Für die technische Weiterentwicklung des Projektes, aber auch für weitere Umweltuntersuchungen, ist die Pilot-Mining-Operation (PMO) geplant, während der im Verhältis 1:10 zum kommerziellen Abbau über mehrere Monate Schlamm gefördert und Tailings verpumpt werden sollen. Täglich sollen 10.000 t Originalschlamm umgesetzt werden. Damit wird sich zum ersten Mal die Gelegenheit bieten, die kurz- und mittelfristigen Auswirkungen einer solchen ozeanischen Großaktion ausführlich zu untersuchen. Die PMO zur Erzschlammgewinnung im Roten Meer wird als Modellfall für ähnliche Vorhaben allgemeine Bedeutung gewinnen.

Literatur

Bäcker, H. (1984): Marine mineralische Rohstoffe und ihre Umwelt. – DFG-Komm. Geowiss. Gemeinschaftsforsch., Mitt. XIV, Verlag Chemie.

Jancke, K. (1981): Computer simulation of a gravity flow. In: Karbe, L., Thiel, H., Weikert H. & Mill A. J. B. (Eds.): Mining of Metalliferous Sediments from the Atlantis II Deep, Red Sea: Pre-mining environmental conditions and evaluation of the risk to the environment. Environmental Impact Study presented to the Saudi Sudanese Red Sea Joint Commission, Jeddah. Hamburg, pp. 276–279.

Karbe, L., Moammar, M. O., Nasr, D. & Schnier, C. (1981): Heavy metals in the Red Sea environment. In: Karbe, L., Thiel, H., Weikert, H. & Mill A. J. B. (Eds.): Mining of Metalliferous Sediments from the Atlantis II Deep, Red Sea: Pre-mining environmental conditions and evaluation of the risk to the environment. Environmental Impact Study presented to the Saudi Sudanese Red Sea Joint Commission, Jeddah. Hamburg, pp. 195–226.

Karbe, L. & Nasr, D. (1981): Chemical and toxicological characteristics of the tailings material. In: Karbe, L., Thiel, H., Weikert, H. & Mill, A. J. B.

(Eds.): Mining of Metalliferous Sediments from the Atlantis II Deep, Red Sea: Pre-mining environmental conditions and evaluation of the risk to the environment. Environmental Impact Study presented to the Saudi Sudanese Red Sea Joint Commission, Jeddah, Hamburg, pp. 245-253.

Karbe, L., Thiel, H., Weikert, H. & Mill, A. J. B. (1981): Mining of Metalliferous Sediments from the Atlantis II Deep, Red Sea: Pre-mining environmental conditions and evaluation of the risk to the environment. Environmental Impact Study presented to the Saudi Sudanese Red Sea Joint Commission, Jeddah. Hamburg, 352 pp.

Kimor, B. (1973): Plankton relations in the Red Sea, Persian Gulf and Arabian Sea. In: Zeitschel, B. & Gerlach, S. A. (Eds.): The biology of the Indian Ocean – Ecological Studies 3, Springer, Heidelberg, 221-232.

Lange, J., Post, J., Bäcker, H., Karbe, L., Thiel, H. & Weikert, H. (1983): Abbau von Erzschlämmen des Atlantis II Tiefs, Rotes Meer: Charakterisierung der aktuellen Umweltbedingungen und Bewertung der Auswirkungen auf das Ökosystem. Abschlußbericht MESEDA. R 301/R 309 an den Bundesminister für Forschung und Technologie. 120 pp.

Mill, A. J. B. (1981): Effects of tailings disposal. In: Karbe, L., Thiel, H., Weikert, H. & Mill, A. J. B. (Eds.): Mining of Metalliferous Sediments from the Atlantis II Deep, Red Sea: Pre-mining environmental conditions and evaluation of the risk to the environment. Environmental Impact Study presented to the Saudi Sudanese Red Sea Joint Commission, Jeddah, Hamburg, pp. 264-287.

Pfannkuche, O., Theeg, R. & Thiel, H. (1983): Benthos activity, abundance and biomass under an area of low upwelling off Morocco, Northwest Africa. „Meteor" Forsch.-Ergebnisse D, **36**: 85-96.

Schnier, C. & Fanger, H.-U. (1983): Development and application of an Iridium tracer for tracking tailings in the central Red Sea. GKSS 83/E/67, 13 pp.

Thiel, H. (1979): First quantitative data on the Red Sea deep benthos. Mar. Ecol. Progr. Ser. **1**: 347-350.

Thiel, H. (1981): The benthic communities. In: Karbe, L., Thiel, H., Weikert, H. & Mill, A. J. B. (Eds.): Mining of Metalliferous Sediments from the Atlantis II Deep, Red Sea: Pre-mining environmental conditions and evaluation of the risk to the environment. Environmental Impact Study presented to the Saudi Sudanese Red Sea Joint Commission, Jeddah. Hamburg, pp. 157-178.

Thiel, H. (im Druck): Benthos of the deep Red Sea. In: Treherne, J. E. & Head, S. M. (Eds.): Key Environments. Chapter 5. Pergamon Press, Oxford, New York.

Weikert, H. (1980): On the plankton of the central Red Sea. A first synopsis of results obtained from the cruises MESEDA I and MESEDA II. Symp. Coastal and Marine Environm. Red Sea, Gulf of Aden and Trop. West Indian Ocean. Khartoum, January 9–14, 1980. Proceedings. Y. B. Abu Gideiri, Ed., Vol. III, 135–167. International Printing House, Khartoum.

Weikert, H. (1981): The pelagic communities. In: Karbe, L., Thiel, H., Weikert, H. & Mill, A. J. B. (Eds.): Mining of Metalliferous Sediments from the Atlantis II Deep, Red Sea: Pre-mining environmental conditions and evaluation of the risk to the environment. Environmental Impact Study presented to the Saudi Sudanese Red Sea Joint Commission, Jeddah. Hamburg, pp. 100–154.

Weikert, H. (1982): The vertical distribution of zooplankton in relation to habitat zones in the area of the Atlantis II Deep, central Red Sea. Mar. Ecol., Progr. Ser. **8:** 129–143.

Marine mineralische Rohstoffe und ihre Umwelt

von Harald Bäcker, Preussag AG, Hannover

1 Einleitung

Seit 1969 beschäftigen sich auch in der Bundesrepublik Deutschland einige Teams aus Industrie, Bundesanstalt für Geowissenschaften und Rohstoffe und aus Universitäten – zumeist mit Unterstützung des BMFT – mit der Erforschung von Rohstoffen im Meer und ihrer Nutzbarmachung. Angesichts des augenblicklichen Überangebotes an Metallen und Energierohstoffen mag man sich fragen, ob diese Ressourcen in absehbarer Zeit überhaupt benötigt werden. Theoretisch wäre es durchaus denkbar, auch langfristig den aus Bevölkerungs-Expansion und steigenden Ansprüchen resultierenden Mehrbedarf aus immer geringprozentigeren Landlagerstätten zu decken. So ging der „cut-off grade" bei großen Kupferlagerstätten seit der Jahrhundertwende von 3 auf jetzt etwa 0.5 % Cu zurück. Dieser Tendenz sind jedoch Grenzen gesetzt, die sich aus den umzuschlagenden Mengen und der zur Extraktion von einer Tonne Metall erforderlichen Energiemenge ergeben. Hinzu kommen politische Faktoren, die dazu führen, daß vorhandene Reserven nicht ohne weiteres global zur Verfügung stehen. In der Regel wird jedoch eine Wirtschaftlichkeitsrechnung für jedes einzelne marine Vorkommen den Ausschlag geben, ob es genutzt werden wird oder nicht. Dem zu erwartenden höheren technischen Aufwand stehen infrastrukturelle Vorteile und in manchen Fällen bereits erheblich höhere Metallgehalte als in durchschnittlichen Landlagerstätten gegenüber. Der für die Entwicklung der marinen Ressourcen erforderliche hohe technische Standard stellt vor allem für die rohstoffarmen Industrienationen eine Herausforderung dar. Gegenwärtig werden Öl und Gas, Baustoffe und einige Seifen vom bzw. aus dem Meeresboden gewonnen. Es gab erste erfolgreiche Pilotabbauversuche für Manganknollen und Erzschlämme.

Die Meeresrohstoffe stehen aus verschiedenen Gründen stärker im Rampenlicht als entsprechende Vorkommen auf dem Land. Dies hat zu maßlosen Spekulationen geführt, die der Sache nicht dienen. Übertriebene Bonanza-Vorstellungen fanden auch Eingang in das Regelwerk der neuen Seerechtskonvention und machten die Rohstoff-Frage zum Kernpunkt der Uneinigkeit. Hieraus wiederum resultieren auch unrealistische Folgerungen für den Einfluß eines Meeresbergbaus auf die marine Umwelt. Es wäre allerdings naiv, anzunehmen, irgendwelche neuen industriellen Entwicklungen könnten ohne jeden Einfluß auf die Umwelt ablaufen. Wie beim Bau einer neuen Straße geht es eher darum, mit Hilfe zuverlässiger Daten das Maß des Einflusses rechtzeitig, d. h. vor Betätigung großer Investitionen, zu erkennen, um dann

a) die Vor- und Nachteile der neuen Entwicklung gegeneinander abzuwägen und
b) bei positivem Ergebnis die Möglichkeiten einer Verringerung des Umwelteinflusses durch Wahl geeigneter Methoden auszuschöpfen, soweit sie wirtschaftlich tragbar sind.

Wie auf dem Lande können sich im Meer konkurrierende Nutzungsansprüche gegenüberstehen, dort z. B. Bergbau und Fischerei. Diese Fragen, ebenso wie solche des Umweltschutzes, der Sicherheit und des Investitionsschutzes bedürfen in den meisten Meeresgebieten nicht nur nationaler Regelungen, sondern auch internationaler Abmachungen. Dies alles ist gegenwärtig noch stark im Fluß, und deshalb verzögert sich der Beginn der Ressourcen-Nutzung außerhalb der Schelfgebiete auch nicht nur aus technologischen und wirtschaftlichen Gründen.

2 Die potentiellen marinen mineralischen Rohstoffe

Obwohl einzelne Rohstoffe aus dem Meer, wie Kochsalz und Bernstein, schon in frühgeschichtlicher Zeit in Strandnähe gewonnen worden sind, ist die Kenntnis von mineralischen Rohstoffen fern der Küste allenfalls ein Jahrhundert alt, und sie wurden als wirtschaftliches Potential auch erst in den 60er Jahren erkannt. Auch heute werden, wie das Beispiel der Massivsulfide zeigt, noch gänzlich neue Lagerstättentypen entdeckt.

Sieht man einmal von den im Meerwasser gelösten Salzen und vom Lande her abbaubaren submarinen Erz-, Salz- und Kohlevorkommen ab,

Tabelle 1: Schematischer Überblick über die wichtigsten marinen mineralischen Rohstoffe und ihren Ablagerungsraum.
a) Bei physikalischer Voranreicherung auf See
b) Ungefähres Alter der technisch erreichbaren Rohstoffe
c) Größenordnung der Normalsedimentation im Gebiet der Vorkommen

Rohstoff-Typ	Kohlenwasserstoffe	Baustoffe	Seifen	Mangan-knollen	Kobalt-krusten	Erzschlämme	Massiv-sulfide	Phosphorite
Potentiell nutzbar	Öl, Gas	Kies, Sand Kalkschalen Blöcke	Rutil, Zirkon, Ilmenit, Gold, Platin, Magnetit, Diamanten, Chromit, Monazit, Zinnstein	Ni 1,3% Cu 1,4% Mn 27% Co 0,2%	Co 2,0% Ni 0,3–0,5% Mn 15–25%	Zn 0,2–10% Cu 0,2–2% Ag 50–100 ppm	Zn 0,2–30% Cu 0,2–15% Ag 100 ppm	Phosphat: P_2O_5 15–25% U 10–300 ppm
a) Hauptabraum	–	Silt, Ton	Sand, Silt, Ton	Ton, Knollenabrieb	Gestein, Abrieb, Kalkschlamm	Fe-Oxide, Silikate	Gestein, (Gips, Fe-Oxide)	Sand, Silt, Mergel
Wassertiefe (m)	0–4000	0–200	0–200	3000–5000	1000–3000	?200–3000	?200–3000	50–500
b) Geologisches Alter (10^6 y)	2–200	0–1	0–1	0,5–12	0,5–12	0,01–0,1	0–0,1	0,1–50
Morphologie des Bodens	flach bis geneigt	Ebenen, Mulden, Rinnen, Wälle	Ebenen, Mulden, Rinnen, Wälle	Ebenen, Hügel, Hänge	Exponierte Höhenlagen, Hänge, Plateaus	Mulden, Tiefs	stark differenziert	Plateaus, Hänge, Rücken
Substrat	–	Versch.	Versch.	Kieselschlämme, Roter Ton	Festgestein	Sedimente oder Vulkanite	Basalt	Mergel, Kalkschlamm
c) Sedimentationsrate (cm/1000 y)	0–300	0–300	0–300	0,02–1	± 0	1–10	0,02–10	Unterschiedl. meist gering

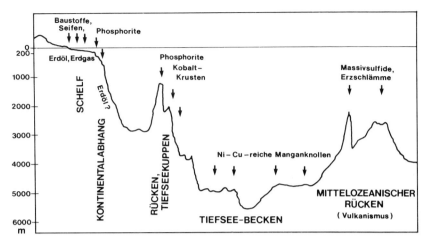

Abb. 1: Schematische Darstellung der Bildungsräume der marinen mineralischen Rohstoffe.

so lassen sich gegenwärtig acht Rohstofftypen erkennen, die bereits genutzt werden oder in den nächsten Dezennien nutzbar werden können (Tabelle 1, Abb. 1). Das weitaus bedeutendste Potential stellen gegenwärtig die Kohlenwasserstoffe dar, die an Becken mit großer Sedimentfüllung gebunden sind. Wie das Beispiel der Funde offshore Kaliforniens zeigt, können bei entsprechender thermischer Geschichte auch sehr junge Beckenfüllungen höffig sein. Dadurch erhöht sich die Wahrscheinlichkeit der Kohlenwasserstoff-Fündigkeit im Meer erheblich. Die Produktion von Baustoffen und Mineralsanden beschränkt sich auf wenige Gebiete in Wassertiefen bis 200 m.

Manganknollen mit wirtschaftlich interessanten Kupfer- und Nickelgehalten findet man in Tiefseebecken des Nord- und Südostpazifiks und des Indischen Ozeans, fast durchweg außerhalb wirtschaftlicher Anspruchszonen von Einzelländern. Zu ihrer Nutzung haben sich vier internationale Gruppierungen gebildet. Auf nationaler Ebene bestehen bei vier Ländern Aktivitäten. Allerdings finden im Moment nirgends größere Unternehmungen statt.

Verwandt mit den Manganknollen sind Kobalt-reiche Krusten, die jedoch in wesentlich geringeren Wassertiefen in sedimentarmen, den Meeresströmungen stärker ausgesetzten Zonen vorkommen. Die Funde liegen z. T. in US-amerikanischen Wirtschaftszonen und werden z. Z. untersucht. Auch aus dem Atlantik sind Vorkommen bekannt.

Polymetallische Erzschlämme können sehr unterschiedlicher Herkunft sein (Meylan et al., 1981), und ihre Zuordnung ist Gegenstand gegenwärtiger amerikanischer, englischer und deutscher Forschungen. Ökonomisch interessant dürften nur sulfidische Differentiationsprodukte hydrothermaler Lösungen sein, wie sie im Atlantis II-Tief im Roten Meer vorkommen (s. Thiel et al., im selben Heft). Genetisch mit ihnen verwandt, aber der Konsistenz und den Metallgehalten nach sehr von ihnen unterschieden sind die erstmalig 1978 entdeckten und seither an neun Stellen gefundenen Massivsulfide. Die bisher gefundenen Vorkommen sind in den Metallgehalten den jetzt auf dem Lande abgebauten deutlich überlegen. Die Größe der Einzelvorkommen reicht jedoch für den Abbau noch nicht aus. Denkbar wäre dagegen der subsequente Abbau mehrerer Vorkommen innerhalb eines Vorhabens.

Marine Phosphorite mit Phosphatgehalten um einige Prozent unter dem von marktüblichem Material wurden vielfach beschrieben. Es handelt sich meist um polymorphe Konkretionen in Kies- und Sandkorngrößen, eingebettet in sandig-mergeliger Matrix. Lediglich das von der Bundesanstalt für Geowissenschaften und Rohstoffe untersuchte Vorkommen auf dem Chatham Rise bei Neuseeland mit ca. 25 mio t Knollen erscheint gegenwärtig mittelfristig als Kandidat für einen Abbau.

3 Erkundigungs-, Test- und Gewinnungsmethoden

Mit Ausnahme der Kohlenwasserstoffe und kleinerer küstennaher Baustofflagerstätten verläuft die Untersuchung mariner Mineralvorkommen bis zum kommerziellen Abbau im allgemeinen in fünf Vorstufen ab:

3.1 Prospektion

Suche nach Vorkommen bei gleichzeitiger Weiterentwicklung der Aufsuchungsmethoden. Dazu werden fast ausschließlich Geräte benutzt, die auch sonst in der Meeresforschung zur Anwendung kommen.

3.2 Exploration

Detailuntersuchung aufgefundener Vorkommen, mit Technologien wie zuvor, jedoch zusätzlich schweren Geräten zur quantitativen und statistischen Beprobung, sofern sich das Vorkommen im Laufe der Untersuchungen als wirtschaftlich interessant erweist.

3.3 Prä-Pilot-Abbautest

Prä-Pilot-Teste sollen nachweisen, daß der in Frage kommende Rohstoff in größeren Mengen gefördert werden kann und soll Material für Aufbereitungsversuche liefern. Das Ergebnis ist eine Pre-Feasibility-Studie. Die notwendigen Mittel der für die Teste erforderlichen Technologieentwicklungen ließen sich für ein einzelnes neues Rohstoffprojekt, noch dazu mit von vornherein unsicherer Wirtschaftlichkeit, kaum mobilisieren. Man muß deshalb weitgehend Technologien verwenden, die in Bereichen gesicherter Wirtschaftlichkeit entwickelt worden sind, vor allem beim offshore-Erdölbohren (Abb. 2), bei der Naßbaggertechnik und im Schiffsbau. Die bisher durchgeführten Teste wurden weitgehend mit adaptierten Methoden und Gerät aus diesen Bereichen durchgeführt. Sie boten immerhin die Möglichkeit, speziell entwickelte Geräte, wie Kollektoren verschiedener Bauart, im Vergleich zu testen.

3.4 Pilot-Abbautest

Die nur wenige Wochen dauernden Prä-Pilot-Teste liefern kaum Aussagen über Standzeiten, Verschleiß und andere Langzeiteffekte, und sie werden zudem nicht unbedingt mit den Methoden des späteren Abbaus durchgeführt. Pilotteste sollen dagegen Langzeitversuche (6–12 Monate) mit der voraussichtlich später verwendeten Abbautechnik sein, wobei das Verhältnis der Fördermengen in den beiden Fällen zwischen 1:5 und 1:10 liegt.

3.5 Detailexploration

Zwischen Prä-Pilot und Pilot-Test sowie vor dem endgültigen Abbau findet erneut Exploration statt, die alle für die Abbauplanung erforderlichen Lagerstättenparameter und Aussagen über Abbauhindernisse bringen soll.

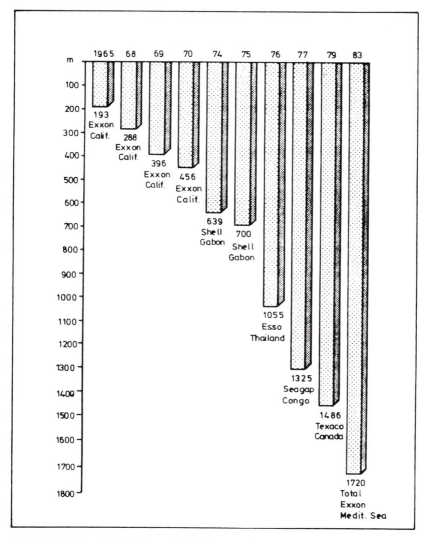

Abb. 2: Erdöl in tieferem Wasser. Die Abb. zeigt den raschen Vorstoß einer Rohstoff-Branche in tieferem Wasser, die ihre technischen Entwicklungen auf gesicherter Wirtschaftlichkeit basieren kann.

Erst danach werden die genauen Areale festgelegt, die abgeräumt werden sollen.

3.6 Kommerzielle Förderung

Die vorgesehenen Gewinnungsmethoden hängen stark vom Rohstofftyp und der Wassertiefe ab. Diskontinuierliche Förderung über Eimerketten oder Greifer sind bis zu einigen hundert Meter Wassertiefe denkbar, für eine semikommerzielle Frühphase eventuell auch im Tiefwasser (CLB – Continuous Line Bucket System; Großgreifer). Für den Dauerbetrieb in der Tiefsee ist eine kontinuierliche Rohrförderung erforderlich. Das Aufsammeln des Erzes mittels Kollektoren oder Schneidköpfen sowie bei grobem Erz eine Teilzerstückelung müssen dabei vom Fördervorgang abgetrennt werden. Letzterer erfolgt dann wahrscheinlich durch im unteren Teil des Rohrstranges eingehängte Pumpen, da eine Airlift-Förderung gegenwärtig noch zu energieaufwendig ist. Die erwarteten täglichen Fördermengen liegen zwischen 1000 und 100 000 T, wobei die höhere Fördermenge für solche Rohstoffe gilt, bei denen mehr als 90 % der Gesamtfördermenge Bergemittel darstellen, die nach Abtrennung der Wertträger durch physikalische Aufbereitung (Korngrößentrennung, Flotation) an Ort und Stelle wieder verklappt werden müssen.

4 Die Umwelt der marinen Rohstoffe

Die Meeresrohstoffe lassen sich keinem bestimmten Milieu zuordnen. Wassertiefen, Entfernung vom Land, Untergrund, Sedimentationsgeschwindigkeiten, Wassertemperaturen, Nährstoffangebot und Fauna sind sehr verschieden (Tabelle 1). Dies gilt nicht nur für die einzelnen Typen, sondern bei den Erzschlämmen auch für jedes einzelne Vorkommen. Im Vergleich zu Landlagerstätten ist ihnen jedoch die Meeresüberdeckung gemeinsam. Sie führt zu einer weiteren Verbreitung von Schadstoffen, aber auch zu schnellerer Verdünnung und zu schnellerer natürlicher Repopulation abgeräumter Flächen. Infolge der fehlenden Bezugspunkte werden im übrigen Entfernungen bei den marinen Lagerstätten stark unterschätzt. Z. B. liegen die für den Abbau vorgesehenen Manganknollenvorkommen nicht bei Hawaii, wie im allgemeinen angegeben, sondern 2500 km davon entfernt, entsprechend dem Abstand Hamburg – Bagdad.

5 Potentielle Schädigungen der Umwelt

Man ist sich heute weitgehend einig, daß Prospektion und Exploration im Meer keine signifikanten Schäden für die Umwelt erzeugen, dies insbesondere, nachdem die früher übliche Sprengstoff-Seismik jetzt fast ganz durch Sprengstoff-freie Methoden ersetzt worden ist.

Die Durchführung von Prä-Pilot- und Pilotabbautests wird in den Diskussionen zu den Regelungen des Tiefseebergbaus meist zur Aufsuchung gerechnet. Dies erscheint vom technischen Aufwand und den möglichen Einflüssen her nicht ganz gerechtfertigt, von der Zielsetzung her jedoch durchaus logisch. Wie man die für die Konzeption des kommerziellen Abbaus nötigen technischen und Lagerstätten-Details nur aus den Ergebnissen der Vortests ersehen kann, so sind auch wichtige Fragen zum Umwelteinfluß des Abbaus nur den Pilot-Operationen zu entnehmen, wie z. B. synergistische und Akkumulationseffekte. Geht man davon aus, daß nur bei solchen Lagerstätten eine sinnvolle und komplette Studie der Umweltverträglichkeit eines Abbaus gemacht werden kann, die auch für Pilotteste geeignet erscheinen oder bei denen eine unmittelbare Produktion vorgesehen ist, so bleibt der ganze Komplex rohstoffrelevanten marinen Umweltschutzes in überschaubaren Dimensionen.

Ein Problem stellt allerdings der im Vergleich zum Lande noch sehr niedrige Stand des marin-ökologischen Grundwissens dar, so daß die Umweltuntersuchungen häufig bei Null beginnen müssen und auch zuviel Raum für ungerechtfertigte Extrapolation bleibt. So sind die potentiellen Schädigungen der Umwelt im Bereich des Abbaus und auch die Methoden ihrer Minderung bei verschiedenen Lagerstättentypen und -vorkommen durchaus unterschiedlich.

In Schelfgebieten mit Kohlenwasserstoffvorkommen steht die Sorge um Ölverschmutzungen im Vordergrund. Dies wird z. B. deutlich an den Mitteln, die für Untersuchungen in diesem Gebiet ausgegeben werden. Mit 34 Mio $ nahm der Posten „Marine Mining" etwa ein Viertel des US-Bundesbudgets 1982 für den marinen Umweltschutz ein (Robertson, 1983). 95% davon wurden für Forschungen um die Öl- und Gasproduktion ausgegeben. Auch in Hinblick auf andere Rohstoffe verdienen die Schelfgebiete aus verschiedenen Gründen besondere Umweltaufmerksamkeit: zahlreiche konkurrierende Interessen, wie Küstenschutz, Fischerei, Erholung; weitgehendes Vorhandensein von Abbautechnologien; Einbindungsmöglichkeit des marinen Bergbaus in nationale Gesetzgebung.

Negative Einflüsse eines Abbaus von Baustoffen und Seifen für das Gleichgewicht von Erosion und Sedimentation könnten sich bis zu Wassertiefen von 20 m ergeben, während die Einflüsse, die sich aus der Suspension feinkörnigen Sedimentmaterials während des Abbauvorgangs und aus seiner Wiederablagerung ergeben, im ganzen Schelfgebiet wirksam sind (Owen, 1977).

Hohe Suspensionswerte, die die Primärproduktion verringern, sind besonders in halbgeschlossenen Buchten zu erwarten. Der Einfluß von resedimentiertem Material auf die Bodenfauna wird sehr unterschiedlich beurteilt, dürfte jedoch längerfristig eher gering sein, da die Sedimentationsraten im allgemeinen ohnehin hoch sind. Bei Sedimenten mit bedeutendem Anteil an organischer Substanz oder starken anthropogenen Einflüssen ist während des Abbaus mit Freisetzung von toxischen Substanzen bzw. mit Verminderung des Sauerstoffangebotes zu rechnen.

Phosphoritvorkommen finden sich vornehmlich in Auftriebsgebieten mit hoher biologischer Produktion. Das für die Bildung erforderliche reduzierende Milieu könnte bei einem Abbau ungünstige Auswirkungen auf die nähere Umwelt haben. Allerdings sind die allein ökonomisch interessanten höherprozentigen Vorkommen keine Primärlagerstätten, sondern z. T. sehr alte Reliktsedimente. Das Milieu, in dem ökonomisch interessante Manganknollen und -krusten gebildet worden sind, zeichnet sich durch extrem niedrige Sedimentationsraten aus, ferner durch geringe Besiedelung (etwa ein größeres Benthosindividuum pro 100 m^2, Amos et al., 1975) und extrem langsamen Metabolismus. Abgesehen von den relativ großen Abräumflächen der praktisch zweidimensionalen Lagerstätten, die wie auch bei jedem Abbau auf dem Lande als Biotop zunächst zerstört würden, beziehen sich die meisten geäußerten Bedenken auf die sogenannte *benthische Wolke,* d. h. die bodennah bis etwa 100 m weit getriebene Hauptmasse des von den Knollen im Kollektor abgetrennten Sediments. Hier wird vor allem eine mangelnde Reaktionsfähigkeit des Benthos gegenüber den hohen Sedimentationsraten gesehen. Eine schädliche Wirkung der vom Abbauschiff selbst ausgehenden *Tailing-Wolke* auf die Umwelt wird zwar immer wieder behauptet, konnte aber durch Teste bisher nicht glaubwürdig gemacht werden. Im Gegensatz zu dem in oxidischer Form vorliegenden Tailingmaterial (Kieselschlamm, Ton, Knollenabrieb) aus der Manganknollenförderung stellen bei der Erzschlammnutzung die anfallenden Flotationsrückstände das wichtigste Umweltproblem dar. Hier sind es vor allem die noch in den Tailings verbliebenen restlichen, in sulfidischer Form vorliegenden Schwermetalle, die bei Kontakt mit dem sauerstoffhaltigen Meerwasser teiloxidieren und in Lösung gehen. Bei den

Massivsulfiden dürfte eine Flotation auf See dank der hohen Primärgehalte wahrscheinlich nicht nötig sein. Hier beziehen sich die umweltrelevanten Fragen eher auf den Lagerstättenbereich selbst, da die Hydrothermen, die die Erze erzeugen, auch Ursache eines spezifischen, reichen, erstmalig 1978 entdeckten Biotops sind. Die Gefahr, die sich – großräumig – für diese Tiergemeinschaften durch einen Abbau ergeben, wird weitgehend von der Art und deren Umfang ihrer noch unbekannten Reproduktions- und Verbreitungsmöglichkeiten abhängen. Die in ihrem Lebensraum ständig wechselnden Umweltfaktoren, wie Temperaturen zwischen 2 und 350° C, Vulkanismus und der Ausstoß und die Dispersion von mehr Metallen, als durch menschlichen Einfluß dort freigesetzt werden könnten, schließen eine besonders große Empfindlichkeit der Arten gegen externe Einflüsse aus.

6 Maßnahmen zum Schutz der Umwelt beim Abbau

Ebenso wie die Versorgung mit Lebensmitteln ist die Beschaffung von Rohstoffen, sei es für die Erstellung von Bauten oder für die Erzeugung von Metallen und Energie, für den Menschen eine Lebensnotwendigkeit. Längst werden die lebenden Ressourcen des Meeres mehr oder weniger intensiv genutzt. Technische Schwierigkeiten, zum Meeresboden und in ihn hinein vorzudringen, wurden in den letzten Jahren mehr und mehr abgebaut (Abb. 2). Es erscheint also eher eine Frage der Zeit, wann auch die mineralischen Rohstoffe des Meeres signifikant zur Versorgung beitragen werden.

Nun bestehen, mehr noch als auf dem Lande, im Meer vielfache Wechselbeziehungen zwischen Lithosphäre und Hydrosphäre, zwischen physikalischen, chemischen und biologischen Vorgängen, die nur unzureichend verstanden werden. Verständnis ist aber Voraussetzung, um sichere Voraussagen machen zu können, Voraussagen auch zur Umweltbeeinflussung durch den Meeresbergbau. So nimmt es nicht wunder, daß diese Frage nach wie vor eher kontrovers und emotional behandelt wird.

Da sicherlich bei den besten nur denkbaren Vorarbeiten immer noch Fragen offen bleiben, wird man wahrscheinlich pragmatisch vorgehen müssen, irgendwann mit dem Tiefseebergbau beginnen, die voraussehbaren Umweltbelastungen möglichst vermeiden und auf die nicht voraussehbaren reagieren, sobald sie sichtbar werden (Owen, 1977). Dies birgt natürlich auch die Gefahr in sich, daß riesige Investitionen im wahrsten

Sinne des Wortes ins Wasser fallen. Um Fehlschläge dieser Art zu vermeiden, ist deshalb eine frühzeitige Koordination zwischen den rohstoff- und umweltrelevanten Untersuchungen sinnvoll. Dies erleichtert die Beurteilung aller Aspekte einer Lagerstätte, bevor Kostenpläne und Regelungen erstellt werden.

So ist es, etwa bei den Manganknollenfeldern, schon bei der Entscheidung über die Größe der Konzessionen von Bedeutung, welche Flächen als Repopulationskerne unverritzt bleiben müssen. Über die Verteilung der Aufgaben beim rohstoffrelevanten marinen Umweltschutz besteht noch einige Unsicherheit. Insbesondere die Rolle der Industrie wird hier sehr unterschiedlich gesehen. Die Extremforderung lautet hier „Nachweis der Umweltverträglichkeit vor Erteilung der Abbaugenehmigung".

Die Bundesregierung sagt dazu (Drucksache 10/401 des Deutschen Bundestages, 23. 9. 83): „Nach Paragraph 8 des Gesetzes zur vorläufigen Regelung des Tiefseebergbaus hat der Antragsteller mit dem Antrag ein Arbeitsprogramm vorzulegen, in dem insbesondere die Vorkehrungen zum Schutze der Meeresumwelt angegeben sind. Er muß daher selbst die Umweltverträglichkeit seines Vorhabens vor der Antragstellung ausreichend untersuchen und entsprechende Erkenntnisse vorlegen".

In den USA wurden die bisherigen Arbeiten von der NOAA (National Oceanic and Atmospheric Administration) koordiniert und fast ausschließlich von Behörden vergeben. Selbst die National Science Foundation hat am 140 Mio $-Budget von 1982 nur einen Anteil von 2,5 Mio $.

Neben den Kohlenwasserstoffen lag das Schwergewicht bisher bei den Manganknollen. Die Ergebnisse wurden in zwei großen Studien, DOMES I und II vorgelegt. Das größte von deutscher Seite angefaßte Projekt (MESEDA – Metalliferous Sediments Atlantis II Deep) ist der Förderung von Erzschlämmen gewidmet (Thiel et al., in diesem Heft). Mit einem vergleichbaren Problem, der Verklappung von Tailings aus Kupfer-Blei-Molybdän-Bergwerken in Fjorden an der Küste von British Columbia befaßten sich umfangreiche kanadische Studien in den 70er Jahren.

Da Umweltuntersuchungen häufig die Tendenz haben, auszuufern, meist in Richtung der Spezialgebiete der Bearbeiter, andererseits für die Planungen zuverlässige und möglichst quantitative Aussagen in vernünftigen Zeitspannen zur Verfügung stehen müssen, erfordern die rohstoffprojektbezogenen „impact evaluations" eine straffe Organisation.

Das größte Problem bei diesen gezielten Arbeiten ist das Fehlen von Hintergrundwerten, die eigentlich längst vorhanden sein müßten, aber meist erst innerhalb der Projekte erarbeitet werden. Ohne die genaue Kenntnis des Normalen mit seinen Variationsbreiten ist es praktisch nicht möglich, anthropogene Abweichungen zuverlässig zu erkennen. Zum „Normalen" gehören auch beispielsweise Ölaustritte am Meeresboden, denen etwa in Kalifornien die Hälfte der Ölverschmutzung an den Stränden angelastet wird, die „black smokers" auf dem Ostpazifikrücken und die Diffusion aus den Solebecken des Roten Meeres. Mit Hilfe solcher natürlichen Extremanomalien und von Tests müßten Indikatorspezies und Grenzwerte identifiziert werden. Daneben gibt es zahlreiche wichtige offene Einzelfragen: Zwischen theoretischen und tatsächlichen Sedimentationsgeschwindigkeiten im Meer besteht offensichtlich noch eine große Diskrepanz. Wenig ist bekannt über die horizontale Verteilung von Partikeln aus einer Punktquelle. Über die Repopulationszeiten auf abgeräumten Meeresbodenflächen ebenso wie über Austauschzeiten von Wassermassen gehen die Meinungen um Zehnerpotenzen auseinander.

Diese und ähnliche Fragestellungen, deren Lösung für ein gezieltes „Impact Statement" nötig sind, wären wichtige Aufgaben allgemeiner biogeowissenschaftlicher Gemeinschaftsforschung. Dagegen könnten die mehr lokalen, lagerstättenbezogenen Umweltuntersuchungen, soweit sie klar definierbar sind, in den fortgeschrittenen Explorationsfahrten integriert werden, um Schiffszeit zu sparen.

Literatur

Amos, A. F., Daubin, S. C., Garside, C., Malone, T. C., Paul, A. Z., Rice, G. E. & Roels, O. A. (1975): Report on a cruise to study environmental baseline conditions in a manganese nodule province. – OTC 1975, 2162, 143–158.

Meylan, M. A., Glasby, G. P., Kedler, K. E. & Johnston, J. H. (1981): Metalliferous deep-sea sediments. In: K. H. Wolf (ed.) Handbook of stratabound and stratiform ore deposits, part III, vol. 9, 3, 77–178, Amsterdam (Elsevier) 1981.

Owen, R. M. (1977): An assessment of the environmental impact of mining on the continental shelf. – Marine Mining **1**, 1/2, 85–102.

Robertson, A. (1983): The national marine pollution research, development and monitoring program. Sea Technology, **24**, 10, 17–24.

Thiel, H., Weikert, H. & Karbe, L. (1984): Über die Arbeiten zur Risikoabschätzung des Abbaus von Erzschlämmen aus dem Atlantis II-Tief im Roten Meer und die Rückführung der Tailings. – DFG-Kommiss. Geowiss. Gemeinschaftsforsch., Heft XIV, Verlag Chemie.

Frühe organische Evolution und ihre Beziehung zu Mineral- und Energielagerstätten: Porträt eines IGCP-Projekts*

von Manfred Schidlowski, Mainz

Einleitung

Die aufsehenerregenden Ergebnisse der Radioastronomie während der letzten beiden Jahrzehnte haben gezeigt, daß die Anfänge organischer Chemie bereits im interstellaren Raume liegen, wo neben einfachen molekularen Bausteinen für die Synthese organischer Substanzen inzwischen auch eine stattliche Anzahl komplizierter organischer Moleküle nachgewiesen wurde. Es kann deshalb als sicher gelten, daß Leben in einem bestimmten Stadium der kosmischen Evolution als eine qualitativ neue Existenzform von Materie entstanden ist. Die grundlegenden Eigenschaften lebender Systeme sind dabei (1) ihr Aufbau aus einer begrenzten Anzahl chemischer Elemente (überwiegend C, O, H, N, S, P), (2) ihre Existenz in Form eines Fließgleichgewichts oder „dynamischen Zustands", der vom thermodynamischen Gleichgewicht zu einem merklich niedrigeren Entropie-Niveau verschoben ist, (3) ihre auffällige strukturelle Differenzierung („Kompartimentierung") sowie (4) die Fähigkeit zur identischen Reproduktion.

Wir wissen seit einigen Jahren, daß Leben bereits sehr früh auf der Erde existiert haben muß. Die isotopische Signatur biologischer (autotropher) Kohlenstoff-Fixierung läßt sich in der geologischen Überlieferung fast kontinuierlich über 3.8 Mrd. Jahre zurückverfolgen (Schidlowski et al., 1979; 1983; siehe auch Abb. 1). Während zellulare Mikrofossilien gleichen oder leicht jüngeren Alters (Pflug und Jaeschke-Boyer, 1979; Awramik et

---

* Projekt Nr. 157 des **International Geological Correlation Programme (IGCP)** (Projektleiter: M. Schidlowski) „*Early Organic Evolution and Mineral and Energy Resources*".

al., 1983) teilweise noch umstritten sind, gibt es wenig Zweifel an der biologischen Herkunft von 3.5 Mrd. Jahre alten Stromatolithen, den fossilen Resten benthonischer Bakterien- und Algenkolonien (Walter, 1983). Zusammen mit ihrer planktonischen Variante haben solche mikrobiellen Ökosysteme das Bild der irdischen Biosphäre während der ersten drei Milliarden Jahre der in Sedimenten überlieferten Erdgeschichte geprägt.

Biologisch gesteuerte Stoffumsätze im exogenen Kreislauf

Seit seinem Erscheinen auf der Erde hat das Leben das chemische Regime an der Oberfläche des Planeten in entscheidender Weise mitgestaltet. Dieser Einfluß leitet sich primär von der Ansammlung negativer Entropie in lebenden Systemen her. Alle Prozesse, die zur Bildung und Erhaltung von Leben führen, absorbieren Energie (überwiegend in Form von Sonnenlicht) und bauen Zustände höherer Ordnung auf, was dem universalen Trend zur Entropiezunahme entgegenläuft (Lebensprozesse sind gewissermaßen „Entropie-Vergehen"). Die in der Biosphäre akkumulierte *Negentropie* prägt ihrerseits der Umwelt (und damit auch der Erdoberfläche) einen thermodynamischen Gradienten auf, der die Triebfeder für eine Anzahl geochemisch wichtiger Umsetzungen im exogenen Zyklus bildet. Typische Beispiele dafür sind das an der Erdoberfläche herrschende *Redox-Ungleichgewicht* und die daraus resultierende *Oxidationsverwitterung* (bedingt durch den bei der wasserspaltenden Photosynthese anfallenden freien Sauerstoff), oder die Freisetzung größerer Mengen von Schwefelwasserstoff durch sulfatreduzierende Bakterien (vor allem im marinen Bereich). Da die Produkte biologisch bedingter geochemischer Umsetzungen in den Sedimenten erhalten bleiben, lassen sich die entsprechenden Prozesse weit in die geologische Vergangenheit zurückverfolgen. Nach heute vorliegenden Befunden scheint es sicher, daß insbesondere die globalen Kreisläufe von Kohlenstoff, Schwefel und Sauerstoff über den größten Teil der Erdgeschichte maßgeblich von der irdischen Biosphäre gesteuert worden sind.

IGCP-Projekt 157: Aufgaben und Ziele

Innerhalb des weiten Rahmens biologisch gesteuerter geologischer Stoffumsätze befaßt sich Projekt 157 des Internationalen Geologischen

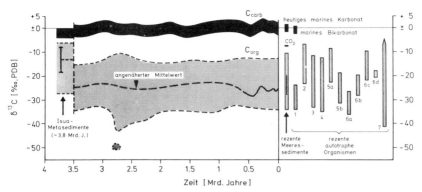

Abb. 1: Die isotopische Kennlinie der Photosynthese über 3.8 Mrd. Jahre Erdgeschichte. Seit dem Einsetzen der sedimentären Überlieferung ist der Unterschied im $^{13}C/^{12}C$-Verhältnis zwischen organischem Kohlenstoff (C_{org}) und Karbonatkohlenstoff (C_{carb}) praktisch gleichgeblieben und identisch mit der Fraktionierung zwischen organischer Substanz und marinem Bikarbonat/Karbonat in unserer heutigen Umwelt (die mittlere Negativ-Verschiebung der $\delta^{13}C_{org}$-Werte um etwa 26% gegenüber den Karbonatwerten bedeutet eine entsprechende Verringerung des $^{13}C/^{12}C$-Verhältnisses und somit eine relative Anreicherung von „leichtem" Kohlenstoff in der irdischen Biomasse). Diese auffällige Anreicherung von ^{12}C im reduzierten Kohlenstoffanteil der Sedimente läßt sich am einfachsten als isotopische Signatur photosynthetischer Kohlenstoff-Fixierung (speziell der RuBP-Carboxylase-Reaktion des Calvin-Zyklus) deuten. Die im rechten Teil des Bildes dargestellten Streubreiten der isotopischen Zusammensetzung rezenter Primärproduzenten sind die von (1) C3-Pflanzen, (2) C4-Pflanzen, (3) CAM-Pflanzen, (4) eukaryotischen Algen, (5) Cyanobakterien, (6) anderen Gruppen photosynthetischer Bakterien und (7) methanogenen Bakterien. >90% der etwa 1600 $\delta^{13}C_{org}$-Werte des Streubandes für rezente Meeressedimente liegen auf der schwarzen Barre.

Korrelationsprogramms mit dem Einfluß der Biosphäre auf Vorgänge der exogenen Lagerstättenbildung während der frühen Erdgeschichte. In diesem Zusammenhang ist die zeitliche Einengung einiger bedeutsamer Quantensprünge in der Entwicklung bioenergetischer Prozesse von besonderer Wichtigkeit, da evolutionäre Neuentwicklungen wie die der wasserspaltenden und O_2-freisetzenden („oxygenen") *Photosynthese* oder der bakteriellen *Sulfatreduktion* Änderungen des chemischen Regimes großer Teile der Erdoberfläche zur Folge haben mußten, die wiederum die Oberflächenprozesse (einschließlich der Bildung exogener Mineral- und Energielagerstätten) beeinflußten. Entsprechend versteht sich die seit 1977 bestehende Projektgemeinschaft als interdisziplinärer Stoßtrupp zur Förderung und Koordinierung von Arbeiten im Grenzbereich von Evolutionsbiologie, organischer Geochemie und Lagerstättenkunde (vgl. Walter et al., 1979; Oehler und Schidlowski, 1980). Besondere Arbeitsschwerpunkte haben sich um vier Themenkreise gebildet, die auch formell als Teilprojekte (mit eigenen Koordinatoren) innerhalb des Gesamtprojektes abgegrenzt sind:

1. **Präkambrische Verwitterungshorizonte**
   (Koordinator: M. M. Kimberley)
   Als chemische Reaktionssäume an der Grenze zwischen fester Erdkruste und Atmosphäre/Hydrosphäre liefern fossile Verwitterungshorizonte wichtige Informationen über exogene Prozesse der frühen Erdgeschichte. Dieses Teilprojekt überschneidet sich teilweise mit IGCP-Projekt 160 („Präkambrische exogene Prozesse").

2. **Organische Bestandteile präkambrischer Sedimente mit besonderer Berücksichtigung prädevonischer Erdöle**
   (Koordinatoren: D. M. McKirdy, G. Eglinton)
   Im Rahmen dieses Teilprojektes soll eine systematische Bestandsaufnahme der organischen Bestandteile präkambrischer und altpaläozoischer Sedimentgesteine durchgeführt werden mit dem letztlichen Ziel einer Bewertung des ölbildenden Potentials der frühen irdischen Biomasse.

3. **Alter der bakteriellen Sulfatreduktion**
   (Koordinator: P. A. Trudinger)
   Die dissimilatorische Sulfatreduktion ist der einzige Prozeß, der im Temperaturbereich der Erdoberfläche zur Bildung ganz beträchtlicher Mengen von Schwefelwasserstoff führt. Der auf diese Weise produzierte Schwefelwasserstoff spielt eine entscheidende Rolle bei der Bildung stratiformer Sulfidlagerstätten. Die laufenden Arbeiten dieses Teilprojektes werfen die Frage nach dem geologischen Alter sowie dem metallogenetischen Potential dieses Prozesses auf und befassen sich ferner mit der zeitlichen Verteilung „schichtiger" Sulfidlagerstätten und ihrer Bedeutung als sedimentärer Milieuindikatoren.

4. **Fossile mikrobielle Ökosysteme von „stromatolithischem" Typ und ihre rezenten Erscheinungsformen**
   (Koordinatoren: S. Golubic, W. E. Krumbein)
   Stromatolithen sind lithifizierte Kolonien bodenbewohnender, meist prokaryotischer, Mikroorganismen (überwiegend Cyanobakterien). Derartige „biosedimentäre" Strukturen bilden die ältesten morphologischen Lebenszeugnisse, die sich über 3.5 Mrd. Jahre Erdgeschichte

zurückverfolgen lassen. Da fossile Mikrobenmatten sowohl Erdölmuttergesteine als auch gelegentlich Träger von Metallgehalten sein können, sollte ihre detaillierte Untersuchung Aufschlüsse über wichtige Fragen präkambrischer Lagerstättenbildung geben.

Die laufenden Arbeiten und bisherigen Ergebnisse dieser vier Teilprojekte sollen im folgenden etwas näher beschrieben werden.

Präkambrische Verwitterungshorizonte

Verwitterungsvorgänge sind chemische Reaktionen der an der Erdoberfläche exponierten Krustenteile mit den Bestandteilen von Atmosphäre und Hydrosphäre. Die leichtflüchtigen Verwitterungsagentien (H_2O, CO_2, O_2, u. a.) gehen dabei chemische Bindungen mit dem Primärgestein der Kruste ein und werden auf diese Weise im Reaktionsprodukt, den Sedimenten, fixiert. Dieser einfache Sachverhalt wird jedoch durch diagenetische Prozesse stark kompliziert. Da die Diagenese in der Regel in einem reduzierenden Milieu stattfindet, kann z. B. eine ursprüngliche Beteiligung von Sauerstoff bei der Verwitterung völlig maskiert werden, weil u. a. der Fe^{3+}-Anteil des primären Detritus bei der Bildung des endgültigen Sediments wieder zur zweiwertigen Stufe reduziert wird.

Trotz solcher und anderer Komplikationen liefern die alten Sedimente (und speziell alte Verwitterungshorizonte) die *einzige empirische Evidenz* bezüglich der an den Verwitterungsprozessen beteiligten Leichtflüchtigen (einschließlich des Sauerstoffs). Systematische Bemühungen zur Dekodierung der in fossilen Verwitterungsprodukten enthaltenen Informationen scheinen somit überfällig. Arbeiten über präkambrische (und speziell archaische) Verwitterungshorizonte sind bisher noch selten und die Resultate nicht völlig eindeutig, da die Verwitterungsbildungen mehr das diagenetische Milieu als die Zusammensetzung der primären Verwitterungsagentien widerzuspiegeln scheinen (vgl. Schau und Henderson, 1983). Es ist jedoch zu erwarten, daß eine weitere Bestandsaufnahme solcher Horizonte wichtige Detailinformationen liefern kann und in Einzelfällen möglicherweise auch Rückschlüsse auf die Zusammensetzung der alten Atmosphäre erlaubt. Entsprechend führt die US-Arbeitsgruppe unseres Projektes z. Zt. eine Katalogisierung bisher bekannter Paläoböden und Verwitterungshorizonte auf dem nordamerikanischen Kontinent durch, um geeignete Objekte für ein spezielles Untersuchungsprogramm zu lokalisieren. Eine Bibliographie bisher durchgeführter Arbeiten auf diesem Gebiet ist kürzlich von Retallak (1982) zusammengestellt worden.

Organische Bestandteile präkambrischer Sedimentgesteine

Nachdem Kohlenstoffisotopen-Massenbilanzen schon früher ein annähernd konstantes Verhältnis von organischem (C_{org}) zu karbonatischem Kohlenstoff (C_{carb}) über die gesamte Erdgeschichte angedeutet hatten, konnten jüngste Untersuchungen direkt nachweisen, daß der durchschnittliche C_{org}-Gehalt phanerozoischer Sedimente (ca. 0.5%) auch für die meisten präkambrischen Gesteine einschließlich der 3.8 Mrd. Jahre alten Isua-Sedimente West-Grönlands gilt (vgl. Schidlowski, 1982). Somit existiert eine kontinuierliche organische Überlieferung seit den ältesten bisher bekannten Sedimentgesteinen bis zur Gegenwart. Es hat sich weiterhin gezeigt, daß das $^{13}C/^{12}C$-Verhältnis dieses organischen Kohlenstoffs im wesentlichen gleichgeblieben ist und insbesondere eine konstante mittlere Fraktionierung gegenüber der isotopischen Zusammensetzung von gleichaltrigen Karbonatgesteinen in der Größenordnung von etwa 20 bis 30‰ zeigt, was der Fraktionierung bei der photosynthetischen Kohlenstoff-Fixierung entspricht (Abb. 1). Somit muß die Photosynthese seit fast 4 Mrd. Jahren als biochemischer Prozeß existiert haben und deshalb auch als geochemischer Faktor bei den Stoffumsätzen im exogenen Zyklus in Erscheinung getreten sein. Dieser Schluß wäre nur dann zu korrigieren, wenn es einen globalen Prozeß gäbe, der die Fraktionierung der Kohlenstoffisotope bei der Photosynthese mit perfektem Mimikry nachahmen könnte. Die leichte Verschiebung der Isotopenwerte am Beginn der Überlieferung ist auf die metamorphe Überprägung der Isua-Sedimente zurückzuführen (Schidlowski et al., 1979; 1983); extrem negative Werte (z. B. bei 2.7 Mrd. Jahren, vgl. Abb. 1) deuten auf die Beteiligung methanotropher Assimilationsreaktionen bei der Bildung des primären organischen Materials hin.

Die Bildung von organischem (reduziertem) Kohlenstoff impliziert die gleichzeitige Freisetzung von Oxidationsprodukten entsprechend der Redox-Bilanz der Photosynthese-Gleichung (Gl. 1 und 2). Da es als sicher gilt, daß die geringen O_2-Partialdrucke der irdischen Primordialatmosphäre (zwischen 10^{-8} und 10^{-14} des heutigen Drucks) nur biologisch „überrannt" werden konnten, muß die Entstehung einer sauerstoffhaltigen Lufthülle mit dem Auftreten der Photosynthese und der Akkumulation von organischem Kohlenstoff im Sediment gekoppelt gewesen sein. Ein in diesem Zusammenhang noch weitgehend ungeklärtes Problem ist das der photosynthetischen Oxidationsäquivalente des Sauerstoffs. Während die höchstentwickelte (wasserspaltende) Form der Photosynthese freien Sauerstoff liefert (Gl. 1), setzt die bakterielle Photosynthese andere Oxidationsprodukte frei (z. B. Sulfat, Gl. 2):

$$2\ H_2O + CO_2 \rightarrow CH_2O + H_2O + O_2 \qquad (1)$$
$$H_2S + 2\ H_2O + 2\ CO_2 \rightarrow 2\ CH_2O + 2\ H^+ + SO_4^{2-} \qquad (2)$$

Da der C_{org}-Gehalt alter Sedimente keine direkten Aussagen über die Art der freigesetzten Oxidationsprodukte erlaubt, kann aus seiner Menge nur auf die entsprechende Menge von *Oxidationsäquivalenten,* nicht aber von freiem Sauerstoff allein, geschlossen werden.

Wie in jüngeren Sedimenten liegt der organische Kohlenstoff auch in präkambrischen Gesteinen fast ausschließlich in Form von *Kerogen* vor, dem hochpolymeren und säureunlöslichen Endprodukt der Diagenese abgestorbener organischer Substanz. Mit zunehmendem Reifegrad der Kerogenbestandteile tritt eine Vorgraphitierung und schließlich (insbesondere bei Metasedimenten) eine *Graphitierung* ein. Moleküle der primären organischen Substanz, die die diagenetischen Veränderungen im Sediment relativ unbeschadet überstehen, bezeichnet man als Chemofossilien oder *„biologische Marker".* Typische Beispiele für solche Moleküle sind Prophyrine als Abkömmlinge von Chlorophyll sowie ein breites Spektrum definierter Kohlenwasserstoffe, die sich überwiegend aus dem Abbau von Fettbestandteilen (Lipiden) herleiten.

Im Rahmen der Zielsetzung von Teilprojekt 2 bemühen sich mehrere Arbeitsgruppen, ein Maximum an geochemischer Information aus dem organischen Inhalt präkambrischer und altpaläozoischer Sedimentgesteine zu gewinnen, wobei neben der Untersuchung der Kerogenbestandteile speziell dem „Biomarker"-Anteil besondere Aufmerksamkeit gewidmet wird. Entsprechend haben unsere Kenntnisse der Biomarker-Geochemie vordevonischer Erdöle in den letzten Jahren große Fortschritte gemacht, wobei ein Spektrum von Chemofossilien nachgewiesen werden konnte, das wichtige Rückschlüsse auf die Natur der ölbildenden Biomasse erlaubt. Über diese Arbeiten ist in zahlreichen Veröffentlichungen berichtet worden, die in den verschiedenen Ausgaben des *„Newsletter"* des Projektes detailliert aufgeführt sind. Regional konzentrieren sich die Untersuchungen vor allem auf erdölführende und -höffige jungpräkambrische und altpaläozische Schichtfolgen Australiens (Amadeus-, Georgina- und Officer-Becken), Südwestafrikas (Damara-System), Nordamerikas (Williston-, Michigan- und Appalachen-Becken) und Sibiriens (Lena-Tunguska-Provinz). Letztes Ziel der Arbeiten ist die Abschätzung des kohlenwasserstoffbildenden Potentials der frühen irdischen Biomasse, die sich bis zum Erscheinen höherer Pflanzen an der Grenze Silur/Devon ausschließlich aus der Primärproduktion mikrobieller (teilweise prokaryotischer) Ökosysteme speiste. Das wichtigste Ergebnis der bisher durchgeführten Arbeiten ist der Nachweis, daß derartige Ökosysteme tatsächlich für die Öl- und Gasführung proterozoischer Schichtfolgen verantwortlich sind. Auch wenn zur Zeit noch nicht sicher ist, ob die proterozoischen Vorkommen wirtschaftlich nutzbare Ausmaße erreichen, kann auf ihre Exploration angesichts der sich für die nächsten Jahrzehnte abzeichnenden Energielücke nicht verzichtet werden.

Geologisches Alter und lagerstättenbildendes Potential der bakteriellen Sulfatreduktion

Da die bakterielle Photosynthese (Gl. 2) der wasserspaltenden Form (Gl. 1) im Laufe der Evolution mit größter Wahrscheinlichkeit vorausgegangen ist, war Sulfat als „mildes" Oxidans schon lange vor dem Auftreten von freiem Sauerstoff in der alten Umwelt vorhanden. Damit war eine wichtige Voraussetzung für die Entwicklung der *dissimilatorischen Sulfatreduktion* gegeben, einen energieliefernden Prozeß, bei dem die Reduktion von Sulfat mit der Oxidation organischer Substanz gekoppelt ist:

$$2\ CH_2O + SO_4^{2-} \rightarrow H_2S + 2\ HCO_3^- \tag{3}.$$

Da hier Sulfat anstelle von Sauerstoff als Oxidationsmittel fungiert, kann man (3) auch als eine Form *anaerober Atmung* ansehen *(„Sulfatatmung")*. Obwohl diese Reaktion nur von wenigen Bakteriengattungen zur Energiegewinnung genutzt wird (die im wesentlichen auf die tieferen anaeroben Lagen heutiger Meeresböden beschränkt sind), ist sie geochemisch von größter Bedeutung für die Konversion von Sulfat zu Sulfit unter den an der Erdoberfläche herrschenden Bedingungen. Diese Umwandlung ist ein wichtiges Glied in der Reaktionskette des irdischen Schwefelkreislaufs, die aber bei Temperaturen <150° C biologisch katalysiert werden muß.

Die bakterielle Sulfatreduktion setzt vor allem im küstennahen marinen

Bereich ganz beträchtliche Mengen von Schwefelwasserstoff frei, dessen $^{34}S/^{32}S$-Verhältnis gegenüber dem des Meerwassersulfats um etwa 40 % geringer ist. Dieser isotopisch leichte (^{32}S-angereicherte) bakteriogene Schwefelwasserstoff fällt in der Folge die Eisen- und Buntmetallgehalte des umgebenden Meerwassers als Sulfide aus, wobei die isotopische Zusammensetzung des Schwefels in der festen Sulfidphase konserviert wird. Sedimentäre Sulfide (überwiegend Pyrit) zeigen deshalb in der Regel die isotopische Signatur der bakteriellen Sulfatreduktion (Abb. 2).

Wegen der Ausfällung von Buntmetallgehalten unter Bildung stratiformer („schichtiger") Sulfidlagerstätten besitzt die bakteriogene H_2S-Produktion ein ganz beträchtliches metallogenetisches Potential, für dessen Abschätzung in der frühen Erdgeschichte eine genaue Kenntnis des geologischen Alters der bakteriellen Sulfatreduktion wichtig ist. Nach bisher vorliegenden Schwefelisotopendaten ist die dissimilatorische Sulfatreduktion als bioenergetischer Prozeß eindeutig jünger als die Photosynthese (ca. 2.8 Mrd. Jahre, vgl. Abb. 2), was auch mit ihrer geläufigen Deutung als adaptive Umkehrung der bakteriellen Photosynthese (vgl. Gl. 2) in Einklang steht. Trotzdem ist schwer einzusehen, weshalb dieser Prozeß mit einer Verzögerung von etwa 1 Mrd. Jahre auf die Photosynthese gefolgt sein sollte. Wir können deshalb nicht ausschließen, daß die ältesten bakteriogenen Schwefelisotopen-Verteilungsmuster nur ein *Mindestalter* für diesen Prozeß liefern, weil bei einer Mantel-dominierten Geochemie der archaischen Ozeane (infolge erhöhten Wärmeflusses und einer intensiven Meerwasserzirkulation durch hochtemperierte ozeanische Kruste) eine Equilibrierung des marinen Schwefels mit dem primordialen Schwefel basaltischer Gesteine möglich erscheint, die alle beginnenden Ansätze zu einer isotopischen Differenzierung des marinen Reservoirs weitgehend auslöschte. So zeigen zum Beispiel stratiforme Sulfideinlagerungen innerhalb der gebänderten Isua-Eisensteine eindeutig die isotopische Signatur von primordialem Schwefel, wie er für Mantelgesteine typisch ist (Abb. 2).

Weitgehend sicher scheint jedoch, daß die bakterielle Sulfatreduktion ihr volles metallogenetisches Potential nicht wesentlich früher als vor etwa 2 Mrd. Jahren entfaltet hat, da wirtschaftlich nutzbare stratiforme Sulfidlagerstätten kaum diese Zeitmarke unterschreiten. Die laufenden Arbeiten des mit diesen Fragen befaßten Teilprojektes konzentrieren sich vorwiegend auf die ältesten Lagerstätten dieses Typs (vgl. Trudinger und Cloud, 1981; Trudinger und Williams, 1982), sowie auf grundlegende Fragen der mikrobiellen Steuerung des irdischen Schwefelkreislaufs (Trüper, 1982) und die Stellung der dissimilatorischen Sulfatreduktion im Rahmen der Evolution bioenergetischer Prozesse (Schidlowski, 1979, 1983).

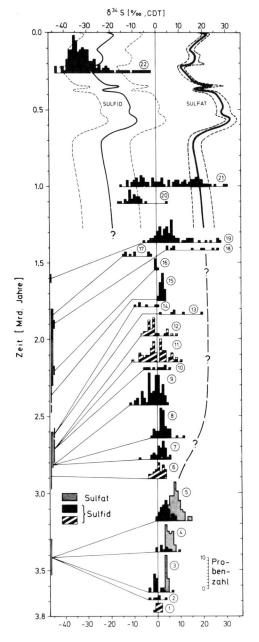

Abb. 2: Differenzierung der Isotopen-Verteilungsmuster von sedimentärem Schwefel (Sulfid und Sulfat) im Laufe der Erdgeschichte (Schidlowski, 1983). Die Negativverschiebung der δ^{34}S-Werte für bakteriogenes Sulfid zeigt an, daß die biogene Phase (überwiegend Pyrit) an leichtem Schwefel (^{32}S) angereichert ist. Die ältesten bakteriogenen Verteilungsmuster in sedimentären Sulfiden datieren aus dem Zeitraum vor 2.6–2.8 Mrd. Jahren (Nr. 8–14) und geben damit ein Mindestalter für die „Erfindung" der bakteriellen Sulfatreduktion. Alle bisher bekannten älteren sedimentären Sulfidvorkommen sind isotopisch weitgehend „undifferenziert" wie etwa die Sulfidfraktion der Isua-Eisensteine (Nr. 1), deren Werte dicht um die Null-Linie streuen und damit der Zusammensetzung von primordialem Schwefel entsprechen (Sulfide mit schraffierter Signatur entstammen der Sulfid-Fazies gebänderter Eisensteine).

Mikrobielle Ökosysteme „stromatolithischen Typs" in Raum und Zeit

Koloniebildendes (überwiegend prokaryotisches) *Mikrobenthos* vom Typ der Bakterien- und Algenrasen hat seit gut 3.5 Mrd. Jahren Spuren in der geologischen Überlieferung hinterlassen. Die laminierten biosedimentären Reliktstrukturen solcher Mikrobengemeinschaften *(„Stromatolithen")* bilden die ältesten allgemein akzeptierten fossilen Lebenszeugnisse auf der Erde.

Während solche (meist von *Cyanobakterien* dominierten) Ökosysteme heute nur in speziellen Nischen wie hypersalinen Lagunen ausgedehnte Mikrobenteppiche bilden (wo sie vor einer Abweidung durch höhere Lebewesen geschützt sind), haben ihre fossilen Vorläufer das Bild der irdischen Biosphäre während der ersten 3 Mrd. Jahre der überlieferten Erdgeschichte bestimmt. Es erscheint sinnvoll, für ein derartig undifferenziertes globales Ökosystem einen Zustand „biotischer Saturation" anzunehmen, in dem sich Bakterien und Algen in den vorhandenen aquatischen Lebensräumen bis zu den äußersten Grenzen vermehrt hatten, die durch die Verfügbarkeit von Nährstoffen (im wesentlichen Phosphor und Stickstoff) gesetzt waren. Da die präkambrischen Ozeane infolge fehlender Nährstoffabsorption durch eine Landvegetation deutlich eutrophiert gewesen sein dürften, fällt es keinesfalls schwer, sich ausgedehnte Meeresbecken mit einer intensiven Primärproduktion vom Typ heutiger „algal blooms" vorzustellen. Vor dem Erscheinen der ältesten *Metazoen* kurz unterhalb des Kambriums waren die benthonischen Mikrobengesellschaften von jedem „Weidedruck" befreit und konnten speziell die Litoralregionen der Meere mit riesigen Bakterien- und Algenteppichen überziehen. Es gibt gute Gründe für die Annahme, daß trotz des Fehlens einer Landvegetation die stationäre irdische Biomasse im Präkambrium keinesfalls geringer war als heute.

Da infolge der Perspektivverzerrung durch die heutige Lebewelt die Ökologie solcher mikrobieller Systeme lange als unwichtige Nebenbühne biologischer und paläontologischer Forschung erschien, datieren detaillierte Studien über fossile und rezente stromatolithische Ökosysteme erst seit der Mitte der sechziger Jahre; sie haben jedoch seit dieser Zeit einen dramatischen Aufschwung erlebt. Die mit dieser Thematik befaßte Arbeitsgruppe von IGCP-Projekt 157 bemüht sich deshalb, die verschiedenen regionalen Arbeitsansätze zu koordinieren und Schwerpunkte für eine gezielte Bearbeitung von Einzelproblemen zu setzen. Ein Schwerpunkt liegt in der weiteren Erforschung präkambrischer Stromatolithvorkommen, deren primäre Bakterienmatten eine wichtige Quelle für die organischen Kohlenstoffgehalte und die gelegentliche Ölführung besonders jungproterozoischer Sedimente waren. Daneben liegt das Schwergewicht der laufenden Arbeiten auf dem Gebiet rezenter Mikrobenmatten, deren genauere Kenntnis ein besseres Verständnis der fossilen Vorläufer ermöglichen sollte. Regional konzentrieren sich die letzteren Arbeiten auf küstennahe (z. T. lagunäre) mikrobielle Ökosysteme der Sinai-Halbinsel (Solar Lake, Gavish Sabkha), des persischen Golfs (Abu Dhabi), Niederkaliforniens (Laguna Mormona) und Westaustraliens (Shark Bay). Das von der Mikromorphologie bis zur organischen Geochemie gefächerte Untersuchungsprogramm wird als interdisziplinäre Aufgabenstellung von Arbeitsgruppen verschiedener Institutionen angegangen (u. a. Baas-Becking Geobiological Laboratory, Canberra; Hebrew University, Jerusalem; Boston University; Universitäten Bristol und Oldenburg; MPI für Chemie, Mainz; NASA Ames Research Center, Moffett Field, CA). Die bisher durchgeführten Arbeiten haben sich in einer großen Anzahl von Veröffentlichungen niedergeschlagen, von denen insbesondere die monographische Bearbeitung der Gavish Sabkha, eines räumlich begrenzten, mikrobiellen Modell-Ökosystems an der Sinai-Küste, zu nennen ist (Friedman und Krumbein, 1984). Isotopenuntersuchungen der Biomasse solcher Ökosysteme erlauben eine schlüssige Deutung scheinbarer Isotopen-Anomalien in präkambrischen Stromatolithen und haben außerdem den isotopisch schwersten organischen Kohlenstoff geliefert, der bisher in der irdischen Biosphäre angetroffen wurde.

Zusammenfassung und Ausblick

Wie dieser kurze Überblick zeigt, sind seit dem Beginn der Arbeiten von IGCP-Projekt 157 wichtige Fortschritte in allen vier Teilprojekten erzielt worden. Abgesehen von einer Vielzahl von Einzelpublikationen (vgl. auch IGCP Catalogue 1973–1979, p. 163–166 und 1978–1982, p. 299–305) sind wesentliche Ergebnisse in einigen Buchveröffentlichungen zusammengefaßt. Dazu gehören der „Research Report" der 23. Dahlem-Konferenz (Holland und Schidlowski, 1982), ein Tagungsband über eine gemeinsame Konferenz der Projekte 157 und 160 in Mexico City (Nagy et al., 1983) sowie der Berichtsband über die Arbeiten der „Precambrian Paleobiology Research Group" an der Universität von Kalifornien, Los Angeles (Schopf,

1983). Ein Sonderheft des „Journal of Australian Geology and Geophysics" (Bd. **6,** Nr. 4, 1981) war weiterhin einer regionalen Tagung des Projektes („Sulfide Mineralization in Sediments: Current Status of Syngenetic Theory") gewidmet. Eine Monographie über „Biologische Marker" (Johns, 1984) wird in diesem Jahr erscheinen, eine weitere über das mikrobielle Ökosystem der Gavish-Sabkha (Sinai) steht kurz vor der Drucklegung (Friedman und Krumbein, 1984).

Neben einer Anzahl regionaler Konferenzen hat Projekt 157 einige vielbeachtete internationale Symposien ausgerichtet („Antiquity of Bacterial Sulfate Reduction", Canberra, 1979; „Geological Evidence for Atmospheric Oxygen Levels in the Precambrian", Santa Barbara, CA, 1980; „Mineral Deposits and the Evolution of the Biosphere", 23. Dahlem-Konferenz, Berlin, 1980; „Development and Interactions of the Precambrian Atmosphere, Lithosphere and Biosphere", Mexico City, 1982; „Organic Matter in Sediments: The Molecular and Isotopic Record of Life Over the last 3.8 GA", Straßburg, 1983). Am Programm des 27. Internationalen Geologenkongresses (Moskau, 1984) ist das Projekt unter anderem mit einem Intersektionellen Symposium beteiligt („Origin and Evolution of Life on Earth"). Für 1985 ist in Raleigh (North Carolina State University) eine Tagung über präkambrische Verwitterungshorizonte geplant, auf der eine erste systematische Bestandsaufnahme dieses Gebietes erfolgen soll.

Insgesamt scheint die Feststellung berechtigt, daß das ursprünglich von australischer Seite (D. M. McKirdy, P. A. Trudinger und M. R. Walter) angeregte Projekt eine beträchtlich katalytische Wirkung auf laufende Arbeiten im Grenzbereich von Evolutionsbiologie, Geochemie und Lagerstättenkunde ausgeübt hat und vor allem die Kommunikation zwischen den auf diesem Gebiet tätigen Wissenschaftlern ganz entscheidend gefördert hat. Beim Auslaufen des Programms (1987) dürfte unser Kenntnisstand auf dem Gesamtgebiet nicht zuletzt aufgrund der koordinierenden Aktivitäten des Projekts wesentlich über den der siebziger Jahre hinausgewachsen sein.

Literatur

Awramik, S. M., Schopf, J. W. and Walter, M. R. (1983). Filamentous fossil bacteria from the Archean of Western Australia. In: Nagy, B., Weber, R., Guerrero, J. C. and Schidlowski, M. (Eds.), Developments and Interactions of the Precambrian Atmosphere, Lithosphere and Biosphere (Amsterdam: Elsevier), 249–266.

Friedman, G. M. and Krumbein, W. E. (Eds.) (1984). The Gavish Sabkha: A Model of a Coastal Hypersaline Ecosystem. Berlin: Springer (in press).

Holland, H. D. and Schidlowski, M. (Eds.) (1982). Mineral Deposits and the Evolution of the Biosphere. Berlin: Springer, 333 pp.

Johns, R. B. (Ed.) (1984). Biological Markers. Amsterdam: Elsevier (in press).

Nagy, B., Weber, R., Guerrero, J. C. and Schidlowski, M. (Eds.) (1983). Developments and Interactions of the Precambrian Atmosphere, Lithosphere and Biosphere (Developments in Precambrian Geology 7). Amsterdam: Elsevier, XII + 475 pp.

Oehler, J. H. and Schidlowski, M. (1980). Early biological evolution in relation to mineral and energy resources: IGCP Project 157. Rev. Inst. Franç. Petrol. **35**, 319–324.

Pflug, H. D. and Jaeschke-Boyer, H. (1979). Combined structural and chemical analysis of 3.800-Myr-old microfossils. Nature **280**, 483–486.

Retallak, G. (1982). Bibliography of fossil soils older than vascular land plants. IGCP Project 157 Newsletter **5**, 35–40.

Schau, M. and Henderson, J. B. (1983). Archaean chemical weathering at three localities on the Canadian Shield. In: Nagy, B., Weber, R., Guerrero, J. C. and Schidlowski, M. (Eds.), Developments and Interactions of the Precambrian Atmosphere, Lithosphere and Biosphere. (Amsterdam: Elsevier), 81–116.

Schidlowski, M. (1979). Antiquity and evolutionary status of bacterial sulfate reduction: sulfur isotope evidence. Origins of Life **9**, 299–311.

Schidlowski, M. (1982). Content and isotopic composition of reduced carbon in sediments. In: Holland, H. D., and Schidlowski, M. (Eds.), Mineral Deposits and the Evolution of the Biosphere (Berlin: Springer), 103–122.

Schidlowski, M. (1983). Biologically mediated isotope fractionations: biochemistry, geochemical significance, and preservation in the Earth's oldest sediments. In: Ponnamperuma, C. (Ed.), Cosmochemistry and the Origin of Life (Dordrecht: Reidel), 277–322.

Schidlowski, M., Appel, P. W. U., Eichmann, R. and Junge, C. E. (1979). Carbon isotope geochemistry of the 3.7×10^9 yr old Isua sediments, West Greenland: implications for the Archaean carbon and oxygen cycles. Geochim. Cosmochim. Acta **43**, 189-199.

Schidlowski, M., Hayes, J. M. and Kaplan, I. R. (1983). Isotopic inferences of ancient biochemistries: carbon, sulfur, hydrogen and nitrogen. In: Schopf, J. W. (Ed.), Earth's Earliest Biosphere: Its Origin and Evolution (Princeton, N. J.: Princeton University Press), 149-186.

Schopf, J. W. (Ed.) (1983). Earth's Earliest Biosphere: Its Origin and Evolution. Princeton, N. J.: Princeton University Press, XXV + 543 pp.

Trudinger, P. A. and Cloud, P. E. (1981). Sedimentary sulphides. Nature **292**, 494-495.

Trudinger, P. A. and Williams, N. (1982). Stratified sulfide deposition in modern and ancient environments. In: Holland, H. D. and Schidlowski, M. (Eds.), Mineral Deposits and the Evolution of the Biosphere (Berlin: Springer), 177-198.

Trüper, H. G. (1982). Microbial processes in the sulfur cycle through time. In: Holland, H. D. and Schidlowski, M. (Eds.), Mineral Deposits and the Evolution of the Biosphere (Berlin: Springer), 5-30.

Walter, M. R. (1983). Archean stromatolites: evidence of the Earth's earliest benthos. In: Schopf, J. W. (Ed.), Earth's Earliest Biosphere: Its Origin and Evolution (Princeton, N. J.: Princeton University Press), 187-213.

Walter, M. R., McKirdy, D. M. and Trudinger, P. A. (1979). Early organic evolution and mineral and energy resources (project proposal). IGCP Project 157 Newsletter **3**, 3-5.

Geochemie umweltrelevanter Spurenstoffe – Ein Bericht über das Schwerpunktprogramm der Deutschen Forschungsgemeinschaft

von Udo Schwertmann, Freising-Weihenstephan

Wissenschaftliches Programm und Ziele

Die Forschungsarbeiten des Schwerpunktprogramms (1974–1979) waren der Aufklärung der natürlichen Belastung von Gesteinen, Grundwasser und Böden im Vorfeld der anthropogenen Verschmutzung gewidmet. Durch die Ermittlung der Konzentrationen – insbesondere toxischer Substanzen – in natürlichen Vorkommen und Aufklärung des geochemischen Kreislaufs dieser Elemente wollte man diesem Ziel näherkommen.

Im Schwerpunktprogramm (SPP) „Geochemie umweltrelevanter Spurenstoffe" wurden folgende Themen bearbeitet, deren vornehmlich bodenkundliche Aspekte hier herausgestellt werden:

1. Gehalte und Bindungsformen von Spurenelementen (SE) in den **natürlichen** Geo-Öko-Systemen *Gestein, Boden und Gewässer,* d. h. im Vorfeld der anthropogenen Belastung.
2. Transportwege und -mechanismen dieser Elemente innerhalb und zwischen den Systemen und Bilanzen im Gesamtsystem *Gestein-Boden-Pflanze-Gewässer.*
3. Verbesserung vorhandener und Ausarbeitung neuer Analysenmethoden für schwierige Elemente und geringe Konzentrationen in Geomatrizes (Gestein, Boden, Wasser).

Die Auswahl der Elemente richtete sich nach ihrer analytischen Bearbeitbarkeit, aber auch nach dem Ausmaß der Wissenlücken über sie. Folgende Elemente sollten einbezogen werden: Antimon, Beryllium, Blei, Cadmium, Quecksilber, Selen, Tellur und Wismut aber auch Arsen, Chrom, Fluor, Kobalt, Kupfer, Mangan, Molybdän, Nickel, Thallium, Vanadium und Zink.

Struktur und Ablauf

Der Schwerpunkt war naturgemäß interdisziplinär angelegt. Es arbeiteten bis zu 35 Forschungsgruppen mit, die vor allem den Gebieten Mineralogie, Geologie, Geochemie, Bodenkunde, Hydrogeologie, Hydrologie und Analytischer Chemie entstammten. Hierdurch war von vornherein für einen regen Gedankenaustausch, aber auch für eine fachübergreifende Kontrolle gesorgt. Der Schwerpunkt lief von 1974–1979 mit einem Gesamtmittelaufwand von 6.1 Mill. DM. Außer den jährlichen Gutachtersitzungen fanden drei Ergebnis- und zwei Spezialkolloquien statt.

Ergebnisse

Die folgende kurze Zusammenfassung kann naturgemäß nur einige Ergebnisse beispielhaft aufführen. Sie werden, entsprechend dem jeweiligen Untersuchungskonzept in die Bereiche Analytik, Inventur, Kausalität der Variation, Dynamik in aktiven Umwandlungszonen und Bilanzen unterteilt, um auch hier den interdisziplinären Charakter und die Objektorientiertheit zum Ausdruck zu bringen.

Spurenelement-Analytik

Die Arbeiten zur Analytik konzentrierten sich auf zwei Bereiche, nämlich die Kontrolle der Verfahren für alle Teilnehmer und die Ausarbeitung neuer Verfahren. Dem ersteren diente eine sogenannte **Ringanalyse,** bei der jeder Teilnehmer verpflichtet wurde, fünf Standardproben (vier Gesteine, ein Boden) mit seinem Verfahren auf die ihn interessierenden Elemente zu untersuchen. Ein Unterausschuß prüfte dann die Richtigkeit der Analysen als Voraussetzung für die Bewilligung der Anträge. Dadurch verschafften sich die Gruppen eine gewisse analytische Sicherheit für ihre Verfahren, was umso notwendiger war, als auch für weniger schwierige Elemente noch zu wenig Erfahrungen bei ihrer Bestimmung in **Geomatrizes** vorlagen. Die Einführung der Ringanalyse nach einer gewissen Anlaufzeit des SPP resultierte aus eben diesem Sachverhalt. Eine kritische Gesamtauswertung der Ergebnisse ist leider trotz der starken Beteiligung nicht

Tabelle 1: Zwei SM-Fraktionierungssysteme für Sedimente und Böden

System 1 (Förstner u.a. 1978)		System 2 (Fischer u. Fechter 1982)	
Extraktionsmittel	Bindungsform	Extraktionsmittel	Bindungsform
H_2O	wasserlöslich	$HF/HClO_4$	Gesamt
0.2 $NBaCl_2$	austauschbar	Oxalat, 100 °C	an u. in Oxiden
0.1 MNaOH	an Huminstoffen	Oxalat, Zimmertemp.	an u. in amorph. Fe/Mn-oxiden
H-Harz	in Carbonaten	EDTA	an Huminstoffen (z. T. in Carbonaten)
M-Hydroxylamin in Essigsäure	in Carb. 8 an Fe-/Mn-oxiden		
$HF/HClO_4$	in Silicaten etc.		

möglich, da insgesamt zu wenig statistisch verwertbares Zahlenmaterial vorlag.

Die Erarbeitung **neuer Verfahren** konzentrierte sich auf die Problemelemente Hg, Se, Te, Bi, As, Sb, Cr, Mo, F, Tl und Cd. Entsprechend ihrer Konzentration in Geomaterialien mußten hierbei für viele dieser Elemente Verfahren für den µg-pg/g-Bereich ausgearbeitet werden, wobei der Zeitaufwand pro Methode ca. fünf Mannjahre betrug. Die ausgearbeiteten Verfahren standen dann und stehen nun generell allen Interessierten zur Verfügung (s. Literaturverzeichnis).

Im Bereich der Analytik liegen auch die Bemühungen um geeignete **Fraktionierungsverfahren.** Sie haben den Zweck, die verschiedenen Bindungsformen eines Elementes durch differentielle Lösungsverfahren voneinander zu trennen und auf diese Weise ihren Sitz und ihre Umverteilung, z. B. im Zuge der Verwitterung, zu erfassen. Zwei Beispiele für solche Fraktioniersysteme zeigt Tab. 1.

Obwohl nützlich, ergab sich doch, daß die Selektivität der Extraktionsmittel für bestimmte Fraktionen nicht immer befriedigte. Dies geht auch aus der Tatsache hervor, daß die Korrelationen zwischen der extrahierten SE-Menge und der Menge eines Stoffes, an den diese Fraktion gebunden sein soll, häufig nicht sehr eng ist. Aus dem generellen Kontinuum der

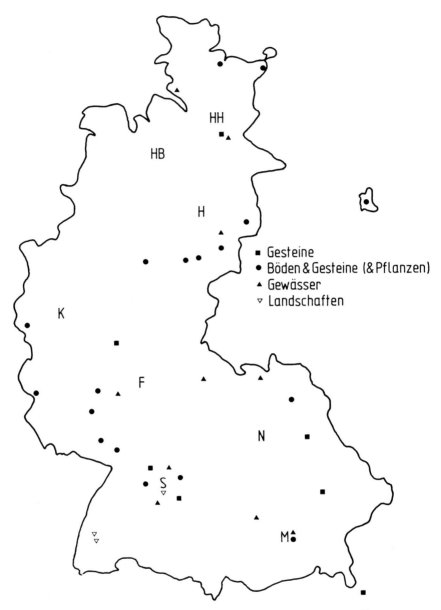

Abb. 1: Spurenstoffuntersuchungen in verschiedenen Teilbereichen von Geo-Ökosystemen waren im DFG-Schwerpunkt über das ganze Bundesgebiet verstreut.

Bindungsfestigkeit der einzelnen Bindungsformen ist dies vermutlich auch nicht anders zu erwarten.

Schließlich sei erwähnt, daß von mehreren Gruppen **Methoden zur Bilanzierung** von Spurenelementflüssen in Ökosystemen entwickelt wurden, die sich mit der optimalen räumlichen und zeitlichen Dichte der Probenahme und der Umsetzung von Konzentrationen (die gemessen werden) in Mengen (die für die Bilanz nötig sind) befaßten.

Spurenelement-Inventur

Die Inventur hatte den Zweck, Informationen über den Gehalt möglichst vieler Elemente in möglichst vielen repräsentativen Gesteinen, Böden und Gewässern vorwiegend der Bundesrepublik zu erhalten. Ein solcher *Survey* ist im Grunde die Aufgabe einer Institution, die große Analysenzahlen bewältigen kann, sodaß im SPP nur beispielhaft Ergebnisse erarbeitet wurden.

Die Untersuchungsgebiete sind, wie Abb. 1 zeigt, einigermaßen gleichmäßig über die Bundesrepublik Deutschland verteilt, jedoch weder nach Element noch nach Geomaterialtyp auch nur einigermaßen vollständig. Einzelergebnisse sind dem Literaturverzeichnis zu entnehmen. Die Frage,

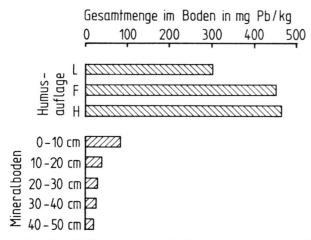

Abb. 2: Hohe Bleikonzentrationen finden sich besonders in der Humusauflage von Waldböden (Mayer 1980).

ob bei dieser Inventur tatsächlich background-Werte ermittelt wurden, läßt sich nicht in jedem Falle eindeutig beantworten. Sicher ist jedoch, daß z. B. im obersten Horizont vieler Böden, auch in relativ industriefernen Gebieten deutlich erhöhte Gehalte (z. B. an Cu, Zn, Pb, Cd) gefunden wurden, die mit großer Wahrscheinlichkeit atmogener Herkunft sind. Ein Beispiel dafür ist in Abb. 2 zu sehen.

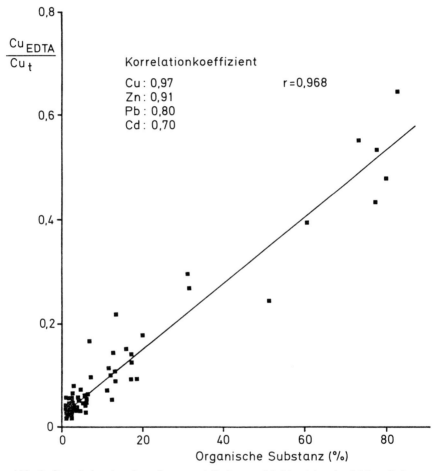

Abb. 3: Organisch gebundene Spurenmetalle lassen sich hinreichend selektiv mit dem Komplexbildner EDTA extrahieren, so daß der extrahierbare Anteil am Gesamtgehalt – hier demonstriert am Kupfer – mit dem Gehalt an organischer Substanz im Boden ansteigt (Schwertmann et al. 1982).

Kausalität der Variation der Spurenelementgehalte

Naturgemäß läßt sich der Gehalt an Spurenelementen in einem Gestein durch den Gehalt und die SE-Konzentration bestimmter Minerale erklären, so daß die SE-Konzentration in Böden aus deren Ausgangsgesteinen und diejenige in Gewässern aus den Böden und Gesteinen des Einzugsgebietes resultiert. So war z. B. Be in Gesteinen der Hohen Tauern in Feldspäten und Glimmer, F in vielen anderen Gesteinen vorwiegend in Glimmern und Apatit zu finden. Technische Tone, in denen der Sitz der SE wesentlich über ihr Schicksal beim Brennen entscheidet, hatten ihre SE vorwiegend in den Mineralen (und nicht an ihrer Oberfläche), aber nur z. T. in den Tonmineralen (Zn, Co), z. T. in Akzessorien (Pb, Cr, Cu, Ni).

Der Sitz der SE (Mn, Zn, Cu) in känozoischen Sedimenten Schleswig-Holsteins richtete sich, wie Tab. 2 zeigt, vorwiegend nach ihrem pH und Eh. In rezenten limnischen Sedimenten waren es vor allem Fe- und Mn-Oxide, weniger Carbonate, Sulfate und organische Substanz, an die die SE gebunden waren, während sich die anthropogene Zufuhr meist in organischen, leicht extrahierbaren Bindungsformen niederschlug.

Besonders vielfältig ist die Umverteilung der SE beim Übergang von Gestein zum Boden, da hierbei nicht nur neue (pedogene) Minerale entstehen (Tonminerale, Fe-oxide usw.), sondern die Huminstoffe als neue, komplizierte Stoffgruppe hinzukommen. Wie stark diese durch Komplexbildung an der Umverteilung beteiligt sind, geht aus Abb. 2 hervor, in der man erkennt, daß große Pb-Mengen in der Humusauflage konzentriert werden. Da einige der an Huminstoffe gebundenen SE, insbesondere die

Tabelle 2: Bindungsformen der Spurenelemente Mn, Zn, Cu in känozoischen Sedimenten (Neumeyr u. Matthes 1977).

Bedingungen		Bindungsformen
pH	E_h	
hoch	hoch	Oxide, (Sulfate)
hoch	mittel	Carbonate
mittelhoch	tief	Sulfide

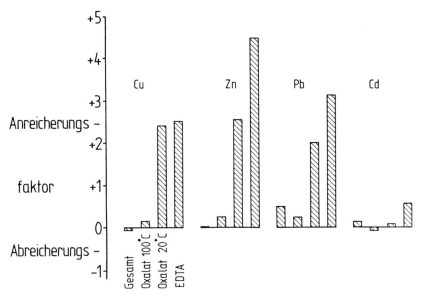

Abb. 4: Die im Boden bei der Verwitterung freigesetzten oder/und atmogen zugeführten Spurenmetalle reichern sich gegenüber dem Ausgangsgestein (Braunerde-Podsol aus Tonschieferschutt der Paderborner Hochfläche) besonders in leicht (hier mit Oxalat und EDTA) extrahierbaren Fraktionen an (An- bzw. Abreicherungsfaktor = Istwert/Sollwert −1) (Schwertmann u.a. 1982).

Schwermetalle, mehr oder weniger spezifisch durch EDTA extrahierbar sind, ergeben sich häufig enge Beziehungen zwischen der EDTA-Fraktion eines Schwermetalls und dem Gehalt an organischer Substanz (Abb. 3). Weit über 50 % der Schwermetalle können dabei EDTA extrahierbar werden. Dies gilt auch für rezente limnische Sedimente.

In Untersuchungen über den B- und F-Gehalt von Grundwässern konnten salinare und Ölrandwässer durch deutlich höhere Werte von normalen Wässern unterschieden werden. Ähnliches wurde für die Grundwässer aus ackerbaulich genutzten Gebieten gefunden.

Dynamik der Spurenelemente in aktiven Umwandlungszonen

Auf die starke Anreicherung gewisser SE an den Huminstoffen von Böden und limnischen Sedimenten wurde bereits hingewiesen. Dieser Sachver-

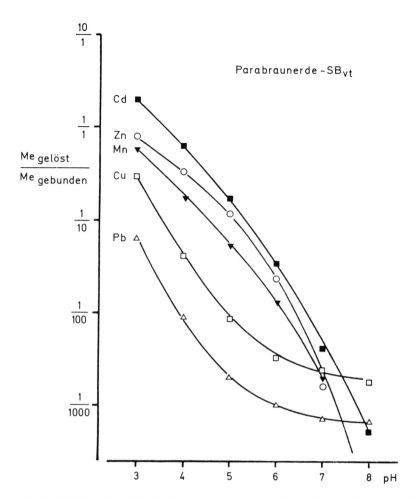

Abb. 5: Mit sinkendem pH im Boden steigt der gelöste („mobile") Anteil an Spurenmetallen logarithmisch an (Brümmer 1983).

halt läßt sich offenbar verallgemeinern: Im Zuge der Verwitterung geht ein Teil der SE von einer schwer- (z. B. im Innern der Minerale) in eine leichter extrahierbare Form über, z. B. oberflächensorbiert, in Fe-Oxide eingeschlossen, durch Huminstoffe komplexiert. Entsprechend groß war der Anreicherungsfaktor für Cu, Zn, Pb und Cd in Böden für die mit Oxalat und EDTA extrahierten Anteile (Abb. 4). Dies gilt auch für den Prozeß der

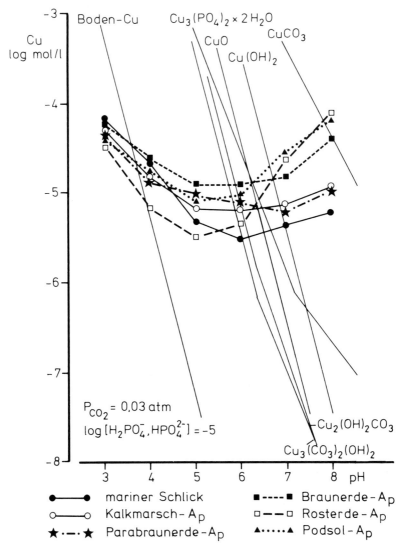

Abb. 6: Außer dem Anstieg der Mobilität von Spurenmetallen im sauren Bereich tritt beim Kupfer auch im schwach alkalischen Bereich (>pH 7) z. T. ein solcher Anstieg auf, vermutlich wegen verstärkter Komplexbildung durch organische Stoffe. Die Konzentration des gelösten Anteils wird, wie die eingezeichneten Geraden zeigen, nicht durch die Löslichkeit einer definierten Cu-Verbindung bestimmt. Dies gilt auch für Zn, Pb und Cd (Brümmer et al. 1983).

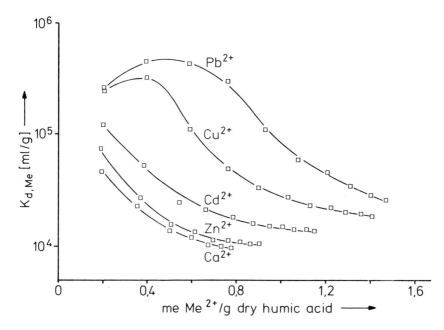

Abb. 7: Die Verteilungskoeffizienten K_d (= Verhältnis von sorbiertem zu in der Lösung befindlichen Anteil) von den vier zweiwertigen Spurenmetallen Pb, Cu, Zn und Cd zeigen, daß sie alle gegenüber dem ebenfalls zweiwertigen Ca, durch eine Huminsäure besonders bei geringer Beladung, stark bevorzugt sorbiert werden (Bunzl 1976).

Entkalkung von Böden, bei dem die Carbonat-gebundenen SE freigesetzt werden.

Beim Eintritt der Flußtrübe in das Ästuar werden an Tonmineralen sorbierte SE desorbiert und mit Oxiden im schwach alkalischen Bereich kopräzipitiert. Laborversuche waren geeignet, diese Umsetzungen zu simulieren. Abb. 5 zeigt z. B., daß eine pH-Abnahme, wie sie während der Bodenbildung eintritt (s. a. saurer Regen), den gelösten Anteil von Cu, Zn, Pb und Cd um mehrere Zehnerpotenzen erhöhen kann, ihre Mobilität im Ökosystem durch Versauerung also wesentlich ansteigt. Daß es sich hierbei vorwiegend um Sorptionsgleichgewichte und nicht um Lösungsgleichgewichte definierter Verbindungen handelt, ist am Beispiel des in Abb. 6 für sechs verschiedene Böden verdeutlicht. Gleiches wurde für Zn, Cd und Pb gefunden. Die Sorption durch Huminstoffe erfolgt sehr schnell und ist kationenspezifisch, insbesondere bei geringer Beladung (Abb. 7); sie folgt der Reihe Pb>Cu>Cd>Zn>Ca. In umgekehrter Folge steigt deshalb auch die pH-Abhängigkeit der Bindung: Sinkt der pH-Wert von 7 auf 3 so werden Cd und Zn relativ stärker mobilisiert als Pb und Cu. Dies ist für vier huminstoffreiche Böden in Abb. 8 dargestellt.

Spurenelementbilanzen und -umsätze

Einige Mitarbeiter-Gruppen versuchten die Gesamtumsätze einzelner Spurenelemente in Gesamt- oder Teilgeoökosystemen zu messen. Dies erforderte einen um so größeren Meßaufwand, je vollständiger das Ökosystem erfaßt werden sollte, wie etwa im System **Gestein-Boden-Pflanze-Gewässer**.

Tab. 3 faßt die jährlich zu- und abgeführten Mengen von sieben Spurenmetallen auf einer sauren Braunerde im Solling unter Buche und Fichte zusammen. Insgesamt ergab sich für diesen Standort, daß die Bilanz für die Elemente Cr, Pb, Cu, Sb, Bi, Hg, Tl und Ni positiv war. Das Ökosystem fungiert also als Senke für diese Elemente. Quelle war es dagegen nur für

Tabelle 3: Zufuhr und Abfuhr einiger Schwermetalle unter Buche und Fichte im Solling [g ha^{-1} a^{-1}] (Mayer u. Ulrich 1980)

Buche	Cr	Co	Ni	Cu	Zn	Cd	Pb
Zu	150	16	123	470	1630	16	440
Ab	7	64	21	106	1100	17	24
Zu-Ab	+143	−48	+102	+364	+ 530	− 1	+416
Fichte							
Zu	166	20	140	660	1700	20	730
Ab	6	420	66	110	2400	26	13
Zu-Ab	+160	−400	+ 74	+550	− 700	− 6	+717

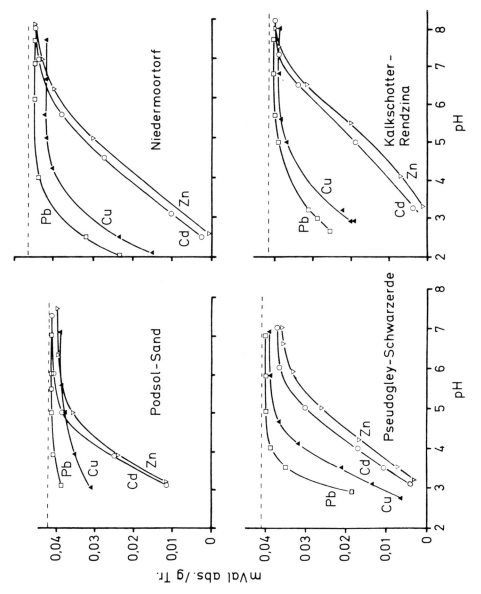

Abb. 8: Von vier humusreichen Böden werden die Spurenelemente in der Reihenfolge Pb > Cu > Zn > Cd sorbiert. Diese Folge ist besonders im sauren Bereich ausgeprägt (Bunzl 1976).

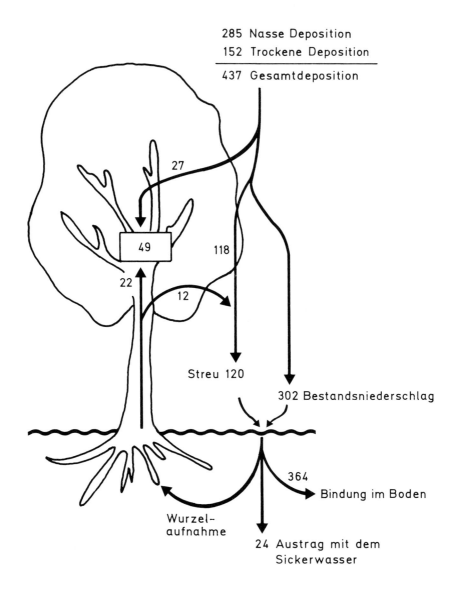

Abb. 9: Dieses Bild zeigt, wie sich das atmogene Pb in einem Buchenbestand des Sollings auf Boden und Pflanze verteilt. Im Boden selbst verbleiben 83 % des Pb-Eintrags (Mayer 1980).

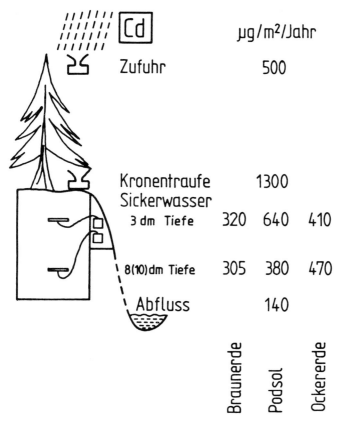

Abb. 10: Dieses Bild veranschaulicht die Verteilung des Cd in einem kleinen, mit Fichten bestandenen Einzugsgebiet des Südschwarzwaldes mit 3 verschiedenen Böden. Cadmium wurde im Niederschlag oberhalb der Baumschicht, in der Kronentraufe, im Sickerwasser des Bodenprofils in 3 und 8–10 dm Tiefe und im Bach gemessen, wo 28 % des Eintrages erscheinen (Zöttl u.a. 1979).

Co und Mn, deren Bilanz negativ war, während Zn bei der Buche angereichert, bei der Fichte abgereichert wurde und die Cd-Bilanz nahezu ausgeglichen war.

Die Kompartimentierung des Pb für das System Buche ist in Abb. 9 veranschaulicht. Die dort aufgeführten jährlichen Transportraten zeigen den hohen Eintrag des Pb, seine starke Bindung im Boden und dementsprechend den geringen Anteil, der die Bodendecke nach unten verläßt.

Tabelle 4: Schwermetallbilanz in einer naturnahen Posidonienschiefer-Pelosol-Landschaft (Schlichting u. Müller 1979)

	Niederschlag-Abfluß-Bilanz [g ha^{-1} a^{-1}]				
	mm	Mn	Zn	Cu	Pb	Cd
Niederschlag	950	164	155	25.5	65.4	4.0
Abfluß	380	80	42	6.8	5.2	0.6
N–A	570	84	113	18.7	60.2	3.4
	Bodenprofil-Bilanz (80 cm) [g m^{-2}]				
ursprünglich		1206	288	82.9	18.9	2.27
jetzt		966	145	62.9	12.0	0.86
Verlust		240	143	20.0	6.9	1.14

Bezogen auf den Eintrag des Elementes Be(= 1) betrug der Eintrag in ein Ökosystem des Südschwarzwalds für Cd 15, Cu 60 und Pb 360, der Austrag für Be 19, Cd 5, Cu 23 und Pb 19. Cd, Cu und Pb werden also in dieser Reihenfolge in zunehmendem Maße in diesem Wald-Ökosystem mit sauren Böden angereichert. Für Cd ist die Kompartimentierung in diesem Ökosystem für drei verschiedene Böden in Abb. 10 dargestellt; gleichzeitig skizziert die Abbildung die Meßmethodik. Einem jährlichen Eintrag von 500 µg/m^2 steht ein Austrag von 140 µg/m^2 gegenüber.

Drei geologisch unterschiedliche Landschaften wurden in der südwestdeutschen Stufenlandschaft bilanziert: eine Stubensandstein-Braunerde-Landschaft, eine Posidonienschiefer-Pelosol-Landschaft und eine Opalinuston-Pseudogley/Pelosol-Landschaft. Als Beispiel sind in Tab. 4 die Niederschlag-Abfluß-Bilanz und die Bilanz innerhalb des Bodenprofils für Mn, Zn, Cu, Pb und Cd angeführt. Von allen Metallen führen die Niederschläge zur Zeit mehr zu, als die Vorfluter abführen. Dennoch: Obwohl die Bodendecke **zur Zeit** als Senke wirkt, hat sie doch im Laufe der langen Bodenbildungszeit an allen diesen Metallen meßbare Mengen an den Vorfluter verloren, die durch die derzeitige Zufuhr bisher noch nicht ausgeglichen wurden.

Zusammenfassende Bewertung

Im Rahmen des fünf-jährigen Schwerpunkts „Geochemie umweltrelevanter Spurenstoffe" arbeiteten bis 35 Wissenschaftler(-Gruppen) an folgenden Themen: Analytik der Spurenstoffe, Inventur von Spurenstoffen in Geomaterialien (Gesteine, Böden, Gewässer), Ursachen der Variabilität ihrer Gehalte, Dynamik ihrer Umsetzungen und Bilanzen von Spurenstoffen. Zu allen Teilbereichen wurden in diesem Bericht Beispiele gegeben.

Die analytischen Erfahrungen vieler Geolaboratorien auf dem schwierigen Sektor der Spurenanalytik konnten erheblich erweitert werden, vorhandene Methoden wurden verbessert und einige neue wurden entwickelt. Zahlreiche neue Informationen aus einem weiten Bereich der Gehalte und des Verhaltens von Spurenstoffen im Geobereich, insbesondere solche mit potentiell toxischer Wirkung konnten erbracht werden. Bilanzen klärten über die Gesamtumsätze in Ökosystemen bis zur Pflanzendecke auf.

Der interdisziplinäre Charakter des Schwerpunktes hat zum intensiven Wechselgespräch zwischen Analytikern, Geochemikern, Geologen, Bodenkundlern und Hydrologen geführt und so das Verständnis für das Gesamtsystem gefördert. Wenn auch ein Teil der Gruppen nicht weiter an Problemen der Spurenstoffe im Geobereich arbeitet, so sind doch andere durch das SPP veranlaßt worden, sich langfristig diesem Bereich mit Erfolg zuzuwenden.

Zusammenstellung der aus dem Schwerpunkt „Geochemie umweltrelevanter Spurenstoffe" entstandenen Publikationen

Baiker, G. (1980): Untersuchungen über die Konzentration, Bindungsformen und Korngrößenabhängigkeit von Schwermetallen eines Sedimentkernes aus dem Bodensee. Diplomarbeit am Institut für Sedimentforschung der Universität Heidelberg

Baumann, A., Förstner, U. & Rhode, R. (1975): Sediments of Lake Shala (Ethiopia). Geol. Rundschau **64,** 593–609

Bibo, J. (1977): Schwermetalluntersuchungen an Wasser, Schwebstoffen, Aufwuchs und Cladophora rivularis der Elsenz. Diplomarbeit Univ. Heidelberg

Blume, H. P. (1981): Schwermetallverteilung und -bilanzen typischer Waldböden aus nordischen Geschiebemergel. Z. Pflanzenern. Bodenk. **144**, 156–163

Blume, H.-P. & Hellriegel, Th. (1981): Blei- und Cadmiumstatus Berliner Böden. Z. Pflanzenern. Bodenk., **144**, 182–197

Blume, H.-P. (1981): Waldböden am Straßenrand; in Typische Böden Berlins. Mitt. Dtsch. Bodenkdl. Ges. **31**, 131–146

Blume, H.-P. (1982): Böden des Verdichtungsraumes Berlin. Mitt. Dtsch. Bodenkdl. Ges. **33**, 269–280

Brümmer, G. & Herms, U. (1983): Influence of soil reaction and organic matter on the solubility of heavy metals in soils. In: Ulrich, B. & Pankrath, J. (eds): Effects of accumulation of air pollutants in forest ecosystems, S. 233–243, D. Reidel Publishing Comp.

Brümmer, G., Tiller, K. G., Herms, U. & Clayton, P. (1983): Adsorption-desorption and/or precipitation-dissolution processes of zinc in soils. Geoderma, 31, 337–354.

Brumsack, H.-J. (1977): Potential metal pollution in grass and soil samples around brickworks. Environmental Geol. **2,** 33–41

Bühling, A. (1979): Anwendung der Photonen- und Neutronenaktivierung auf die Bestimmung von Spurenelementen in metamorphen Gesteinen der Ost-Alpen und in speziellen biologischen Matrizes. Dissertation der Universität zu Köln

Bühling, A., Carl, C., Herr, W. und Ney, P. (1978): Untersuchungen über die Geo- und Biochemie von Beryllium und anderen Spurenelementen in der Hohen Tauern. Verh. Geol. B-A, **3,** 267–272

Bühling, A., Carl, C., Englert, P., Herpers, U., Herr, W., Michel, R., Ney, P. & Weigel, H. (1977): Computer assisted multielement analysis of terrestrial and extraterrestrial materials and studies on long-lived cosmogenic ^{53}Mn by neutron activation. J. Radioanal. Chem. **38,** 379–390.

Bunzl, K., Wolf, A. & Sansoni, B. (1976): Kinetics of ion exchange in soil organic matter. V. Differential ion exchange reactions of Cu^{2+}, Cd^{2+}, Zn^{2+} and Ca^{2+}-ions in humic acid. Z. Pflanzenern. Bodenkd. **137,** 475

Bunzl, K. & Wolf, W. (1979): Verhalten und Ausbreitung von toxischen Schwermetallionen im Boden. Umweltchemikalien. Arbeitsgemeinschaft der Großforschungseinrichtungen, 18.10.1979, S. 53–60

Camann, K. & Rechnitz, G. A. (1976): Exchange kinetics at ion-selective membrane electrodes. Anal. Chem. **48,** 856

Camann, K. (1976): Erfahrungen mit neueren elektroanalytischen Spurenmeßtechniken. Fort. Min. **54-1**, 131

Camann, K. (1977): Bio-sensors based on ion-selective electrodes. Fresenius Z. Anal. Chem. **287**, 1

Camann, K. (1978): A more kinetically oriented ion-selective electrode theory. Research I (4), 709

Camann, K. (1978): A mixed potential ion-selective electrode theory. In: Conference on ion-selective electrodes, Budapest 1977, 297–306

Camann, K. (1978): A critical comparison between flameless atomic adsorption spectroscopy and an improved electrochemical anoldic stripping technique in the case of a rapid trace determination of lead in geological samples. Fresenius Z. Anal. Chem., **293**, 97

Camann, K. (1978): Exchange kinetics at potassium-selective liquid membrane electrodes. Anal. Chem. **50**, 936

Camann, K. (1979): Theoretische Grundlagen der ionenselektiven Elektroden. Gewässerschutz, Wasser, Abwasser, **39**, 1

Camann, K. (1980): Fehlerquellen bei ionenselektiven Elektroden. In: Analytiker-Taschenbuch, Bd. 1, ed. Kienetz et al., Springer-Verlag

Camann, K. (1982): Experiences with an disc-stabilized d.c. plasma source in geochemical analysis. In: Developments in atomic plasma spectrochemical analysis, ed. Barnes, Heyden & Sons, London

Camann, K. (1982): Ionenselektive Potentiometrie – ein Analytiker-Traum oder -Trauma? Instrument und Forschung **9**, 1

Camann, K. (1982): Comments on instruments – Zeroing and blank correction methods in traca analysis. Fresenius Z. Anal. Chem. **312**, 515

Camann, K. & Andersson, (1982): Increased sensitivity and reproducibility through signal averaging in ranges near the instrumental limit of detection – Thallium and cadmium trace determination in rock samples. Fresenius Z. Anal. Chem. **310**, 45

Carl, C. (1979): Neutronenaktivierungsanalytische Untersuchungen über die Verteilung der Seltenen Erden und anderer Spurenelemente in kohligen Chondriten und in metamorphen Gesteinen der Ost-Alpen. Dissertation der Univ. zu Köln

Deurer, R., Förstner, U. & Schmoll, G. (1978): Selective chemical extraction of carbonate-associated trace metals in recent lacustrine sediments. Geochim. Cosmochim. Acta **42**, 425–427

Deurer, R. (1978): Bindungsarten von Schwermetallen in See-Sedimenten verschiedener Klimazonen unter besonderer Berücksichtigung des Bodensees. Dissertation der Universität Heidelberg

Dissanayake, C. B., Tobschall, H. J., Palme, H., Rast, U. & Spettel, B.

(1983): The abundances of some major and trace elements in highly polluted sediments from the Rine River near Mainz, West Germany. Science of the Total Environment, im Druck

Dissanayake, C. B., Kritsotakis, K. & Tobschall, H. J. (1983): The abundances of Au, Pt, Pd and the mode of heavy metal fixation in highly polluted sediments from the Rhine River near Mainz, West Germany. Water Research, im Druck

Erzinger, J. (1977): Die Bestimmung von Ultraspuren von Cd, Tl und Bi in geologischen Proben. Zulassungsarbeit Univ. Karlsruhe

Erzinger, J. & Puchelt, H. (1980): Determination of selenium in geochemical reference samples using flameless atomic adsorption spectrometry. Geostandards Newsletter, Vol. 4

Erzinger, J. & Puchelt, H. (1982): Methoden zur Bestimmung umweltrelevanter Spurenelemente in geologischem Material. Erzmetall 35, Nr. 4

Einsele, G. & Hohberger, K. (1978): Zusammensetzung und Bilanzierung der Lösungsfracht im Maineinzugsgebiet. Schriftenreihe Bayer. Landesamt f. Wasserwirtschaft, Heft 7, 276–289

Farzaneh, A. & Troll, G. (1977): Quantitative Hydroxyl- und H_2O-Bestimmungsmethode für Minerale, Gesteine und andere Festkörper. Fresenius Z. Anal. Chem., **287**, 43–45

Farzaneh, A. & Troll, G. (1977): Pyrohydrolyses in the rapid determination of small and large amounts of fluorine in fluoride, silicate minerals and rocks using an ionselective electrode. Geochemical Journal, **11**, 177–181

Farzaneh, A. & Troll, G. (1978): Pyrodydrolyses for the rapid determination of chlorine traces in silicate and non-silicate minerals and rocks. Fresenius Z. Anal. Chem., **290**, 320–323

Farzaneh, A., Troll, G. & Neubauer, W. (1979): Rapid determination of boron traces in silicate materials. Fresenius Z. Anal. Chem., **296**, 383–385

Farzaneh, A., Troll, G. & Neubauer, W. (1980): Erwiderung zum Kommentar von J. Erzinger und H. Puchelt zur Arbeit „Rapid determination of boron traces in silicate materials". Fresenius Z. Anal. Chem., **301**, 437–438

Fischer, W. R. & Fechter, H. (1982): Analytische Bestimmung und Fraktionierung von Cu, Zn, Pb, Cd, Co und Ni in Böden. Z. Pflanzenern. Bodenkunde, **145**, 151–160

Förstner, U., Müller, G. & Wagner, G. (1974): Schwermetalle in Sedimenten des Bodensees. Naturwissenschaften **61**, 270

Förstner, U. & Müller, G. (1974): Schwermetalle in datierten Sedimentkernen aus dem Bodensee und dem Tegernsee. Tschermaks Min. Pet. Mitt., **21,** 145-163

Förstner, U. & Müller, G. (1975): Factors controlling the distribution of minor and trace metals (heavy metals, V, Li, Sr) in recent lacustrine sediments. Proc. IX. Intern. Sedimentol. Congress, Nizza **2,** 57-62

Förstner, U. (1976): Lake sediments as indicators of heavy metal pollution. Naturwissenschaften, **63,** 665-670

Förstner, U. (1977): Mineralogy and geochemistry of sediments in arid lakes of Australia. Geol. Rundschau, **66,** 146-156

Förstner, U. (1977): Geochemische Untersuchungen an den Sedimenten des Ries-Sees (Forschungsbohrungen Nördlingen 1973). Geologica Bavarica, **75,** 37-48

Förstner, U. (1977): Metal concentrations in recent lacustrine sediments. Arch. Hydrobiol., **80,** 172-191

Förstner, U. (1977): Metal concentrations in freshwater sediments – natural background and cultural effects. In: Golterman, H. L. (ed.) Interactions between sediments and fresh water. Junk B. V. Publ.: Den Haag and Pudoc, Wageningen, 94-103

Förstner, U. (1978): Metallanreicherungen in rezenten See-Sedimenten – geochemischer background and zivilisatorische Einflüsse. Mitt. Nationalkommittee der Bundesrepublik Deutschland für das Intern. Hydrologische Programm der UNESCO, H. 2, Koblenz, 66 S.

Förstner, U., Patchineelam, S. R. & Deurer, R. (1978): Grain size distribution and chemical association of heavy metals in freshwater sediments (examples from Bodensee and Rhine). Proc. 175th National Meeting, Amer. Chem. Soc., Anaheim/California, March 12-17, 1978, 134-137

Förstner, U. (1981): Recent heavy metals accumulations in limnic sediments. In: K. H. Wold (ed.) Handbook of stratabound and stratiform ore deposits. Elsevier Publ. Co., Amsterdam, Vol. 9, 179-270

Förstner, U. (1981): Chemical forms of metal accumulation in recent sediments. In: C. G. Amstutz (ed.) Ore Genesis, Springer-Verlag, Berlin–Heidelberg–New York, 191-199

Förstner, U. (1982): Accumulation phases for heavy metals in limnic sediments. In: P. Sly (ed.) Proc. 2nd Symp. Interactions between sediments and fresh water, June 14-18, 1981, Kingston/Ontario. Hydrobiologia **91/92,** 269-284

Friedrich, G. & Hermann, R. (1977): Spurenelementdispersionen in Gesteinen und Böden im Raum Aachen-Stolberg. DFG-Zwischenbericht, unveröffentlicht

Friedrich, G. & Hermann, R. (1982): Spurenelementdispersionen in

Gesteinen und Böden im Raum Aachen-Stolberg. Zusammenfassender DFG-Bericht, unveröffentlicht

Friedrich, G., Hermann, R. & Sansoni, B. (1981): Neutronenaktivierungsanalyse an Standardgesteinen und Böden ausgewählter Lokationen in der Nordeifel, unveröffentlicht

Fuchs, D. (1980): Experimente zur Schwermetallbindungskapazität von Sephadex-Gelfiltraten einer Huminsäure, Diplomarbeit Johannes Gutenberg-Universität Mainz

Füchtbauer, H., Förstner, U. et al. (1977): Tertiary lake sediments of the Nördlinger Ries, research boring Nördlingen I/73 - a summary. Geologica Bavarica **75**, 13-19

Ghanem, A., Keilen, K. & Stahr, K. (1979): Freisetzung von Mobilität von Spurenelementen in Braunerden und Podsolen des Bärhaldengranitgebietes. Mitt. Dtsch. Bodenkl. Ges., **29**, 577-586

Gudmundsson, Th. (1979): Versuch einer Bilanzierung der pedogenen Veränderung im Mineralbestand des Podsols Bärhalde. Mitt. Dtsch. Bodenkdl. Ges., **29/II**, 1005-1014

Hädrich, Fr., Stahr, K. & Zöttl, H. W. (1977): Die Eignung von Al_2O_3-Keramikplatten und Ni-Sinterkerzen zur Gewinnung von Bodenlösungen für die Spurenelementanalyse. Mitt. Dtsch. Bodenkdl. Ges., **25/I**, 151-162

Harder, H. (1980): Syntheses of glauconite at surface temperatures. Clays and Clay Min., **28**, 217-222

Harder, H. (1980): Tonmineralneubildung als frühdiagenetischer Fazies-Indikator. Fortschr. d. Min., **58**, 46-47

Harder, H. (1982): Clay Mineral Formation under synthetic and natural marine conditions. In: Circum-Pacific Clay Min. Soc. 19th Annual Meeting, Hilo, Hawaii, August 1982

Harder, H. & Heydemann, A. (1983): Sorption und Tonmineralbildung: Prozesse zur Kontrolle umweltrelevanter Spurenelemente in Gewässern. In Vorbereitung

Heinrichs, H. (1975): Determination of mercury in water, rocks, coal and petroleum with flameless atomic absorption spectrophotometry. Z. Anal. Chem., **273**, 197

Heinrichs, H. (1976): Spurenanalyse von Gesteinen und Gewässern mit der Graphitrohrküvette. Fortschr. Miner. **54**, 136-138

Heinrichs, H. (1977): Emissions of 22 elements from brown-coal combustion. Naturwissenschaften **64**, 479-481

Heinrichs, H. & Mayer, R. (1977): Distribution and cycling of major and trace elements in two central European forest ecosystems. J. Environm. Qual., **6**, 402-406

Heinrichs, H. (1979): Determination of bismuth, cadmium and thallium in 33 international standard reference rocks by fractional distillation combined with flameless atomic absorption spectrometry. Z. Anal. Chem., **294**, 345-351

Heinrichs, H. (1980): Determination of lead in geological and biological materials by graphite furnace atomic absorption spectrometry. Fresenius Z. Anal. Chem., **295**, 355-361

Heinrichs, H. & Mayer, R. (1980): The role of forest vegetation in the biogeochemical cycle of heavy metals. J. Environm. Qual., **9**, 111-118

Heinrichs, H. & Mayer, R. (1980): Distribution and cycling of nicke in forest ecosystems. In: Nriagu, J. O. (ed.): Nickel in the environment, 431-455

Heinrichs, H., Schulz-Dobrick, B., & Wedepohl, K. H. (1980): Terrestrial geochemistry of Cd, Bi, Tl, Pb, Zn and Rb. Geochim. Cosmochim. Acta **44**, 1519-1533

Heinrichs, H. & Mayer, R. (1982): Die räumliche Verteilung von Schwermetall-Konzentrationen in Niederschlägen und Sickerwasser von Waldstandorten des Sollings. Z. Pflanzenern. Bodenk., **145**, 202-206

Henze, G., Monks, P., Tölg, G., Umland, F. & Weßling, E. (1979): Über die simultane Bestimmung von Selen und Tellur im unteren ppb-Bereich durch Cathodic-Stripping-Voltammetrie. Fresenius Z. Anal. Chem. **295**, 1-6

Herms, U. & Brümmer, G. (1977): Einfluß des pH-Wertes auf die Löslichkeit von Schwermetallen in Böden und Komposten. Mitt. Dtsch. Bodenkdl. Ges., **25**, 139-142

Herms, U. & Brümmer, G. (1978): Einfluß organischer Substanzen auf die Löslichkeit von Schwermetallen. Mitt. Dtsch. Bodenkdl. Ges. **27**, 181-192

Herms, U. & Brümmer, G. (1978): Löslichkeit von Schwermetallen in Siedlungsabfällen und Böden in Abhängigkeit von pH-Wert, Redoxbedingungen und Stoffbestand. Mitt. Dtsch. Bodenkdl. Ges., **27**, 23-24

Herms, U. & Brümmer, G. (1979): Einfluß der Redoxbedingungen auf die Löslichkeit von Schwermetallen in Böden und Sedimenten. Mitt. Dtsch. Bodenkdl. Ges., **29**, 533-544

Herms, U. & Brümmer, G. (1980): Einfluß der Bodenreaktion auf Löslichkeit und tolerierbare Gesamtgehalte an Nickel, Kupfer, Zink, Cadmium und Blei in Böden und kompostierten Siedlungsabfällen. Landw. Forschung **33**, 408-423

Herms, U. (1980): Untersuchungen zur Schwermetallöslichkeit in kontaminierten Böden und kompostierten Siedlungsabfällen in Abhängigkeit von Bodenreaktion, Redoxbedingungen und Stoffbestand. Dissertation Universität Kiel

Hermann, R. (1977): A simple and rapid decomposition technique for the atomic absorption spectrophotometric determination of selenium in glass by hydride generation. At. Absorption Newslett. **16**, 44–45

Hermann, R. (1979): Untersuchungen zur Bestimmung von Pb, Cu, Zn, As, Se und Sb in Böden und deren Ausgangsgesteinen mit ausgewählten Beispielen aus der nördlichen Eifel. Dissertationen RWTH Aachen

Hermann, R. & Friedrich, G. (1979): Geochemische Untersuchungen an Böden und deren Ausgangsgesteinen in der nördlichen Eifel. Unveröffentlicht.

Hermann, R. & Friedrich, G. (1982): Wismut-Gehalte in ausgewählten Bodentypen über Sedimentgesteinen der Nordeifel. Unveröffentl.

Hermann, R. & Friedrich, G. (1983): Notes on the determination of Bismuth in rocks and soils by hydride generation and AAS. unpublished

Heydt, G. (1977): Schwermetallgehalte von Wasser, Wasserpflanzen, Chironamidae und Mollusca der Elsenz. Diplomarbeit Univ. Heidelberg

Hilz, M. (1979): Die Spurenelemente in Kaolinen, kaolinitischen Tonen und Bentoniten – ihr Verhalten bei Ionenumtauschreaktionen und gegen Säuren. Dissertation TU München

Hoene-Schweikert, H. (1979): Schwermetalle in Pflanzen und Böden aus dem Elsenz-Einzugsgebiet. Dissertation Univ. Heidelberg

Hurrle, H. (1978): Nebenelemente in Zinkblenden des Südschwarzwaldes. Jh. Geol. Landesamt Baden-Württemberg, **20**, 7–14

Hurrle, H. (1980): Schwermetalle in Nadelbäumen auf alten Bergbauhalden im Südschwarzwald. Allg. Forst- u. J.-Ztg., **152**, 234–238

Irion, G. & Förstner, U. (1975): Chemismus und Mineralbestand amazonischer See-Tone. Naturwissenschaften **62**, 179

Jaksch, H. (1980): Schwermetalle in Sedimenten des ehemaligen Minengebietes von Wiesloch. Diplomarbeit Universität Heidelberg

Kaiser, G. & Tölg, G. (1983): Mercury; in: O. Hutzinger (Ed.): The Handbook of environmental chemistry, Vol. II, Springer-Verlag Heidelberg, im Druck

Kaiser, G., Götz, D., Schoch, P. & Tölg, G. (1975): Emissionsspektrometrische Elementbestimmung im Nano- und Picogramm-Bereich nach Verflüchtung der Elemente in mit Mikrowellen induzierte Gasplasmen. I) Extrem nachweisstarke Quecksilberbestimmung in wäßrigen Lösungen, Luft, organischen und anorganischen Matrices. Talanta **22**, 889–899

Kaiser, G., Tölg, G. & Schlichting, E. (1978): Natürliche und antropogene

Quecksilberanreicherung in Filderböden. Daten und Dokumente zum Umweltschutz, Heft 22, 43-49

Kaiser, G., Götz, D., Tölg, G., Knapp, G., Maichin, B. & Spitzy, H. (1978): Untersuchung von systematischen Fehlern bei der Bestimmung von Hg-Gesamtgehalten im Bereich $<10^{-5}$ % in anorganischen und organischen Matrices mit zwei unabhängigen Verbundverfahren. Fresenius Z. Anal. Chem. **291**, 278-291

Keilen, K., Stahr, K. & Zöttl, H. W. (1976): Elementselektive Verwitterung und Verlagerung in Böden auf Bärhaldegranit und ihre Bilanzierung. Z. Pflanzenern. Bodenk. **5**, 565-579

Keilen, K., Stahr, K., v. d. Goltz, H. & Zöttl, H. W. (1977): Pedochemie des Nreylliums – Untersuchungen einer Bodengesellschaft im Gebiet des Bärhaldegranits (Südschwarzwald). Geoderma **17**, 315-329

Keilen, K., Stahr, K. & Zöttl, H. W. (1977): Die Bestimmung der „mobilen Fraktion" von Spurenelementen (Be, Cd, Co, Cu. Pb, V, Zn) im Boden. Mitt. Dtsch. Bodenk. Ges. **25, I**, 149-150

Keilen, K. (1978): Spurenelementverteilung und Bodenentwicklung im Bärhaldegranitgebiet (Südschwarzwald). Freiburger Bodenk. Abh. Heft 8, 278 S.

Keilen, K., Stahr, K. & Zöttl, H. W. (1978): Mobile Fraktionen von Spurenelementen (Be, Cu, Cd, Co, Pb, V, Zn) in Böden des Bärhaldegranitgebietes. Z. Pflanzenern. Bodenk., **141**, 583-596

Kerndorff, H., Schäfer, A. & Tobschall, H. J. (1979): Experimente zur Aufnahme von Hg^{2+}-Ionen durch rezenten Nordseeschlick. Senckenbergiana marit. **11**, 1-22

Kerndorff, H. & Schnitzer, M. (1979): Humic and fulvic acids as indicators of soil and water pollution. Water, Air, and Soil Pollution, **12**, 319-329

Kerndorff, H. & Schnitzerm M. (1980): Sorption of metals on humic acid. Geochim. Cosmochim. Acta **44**, 1701-1708

Kerndorff, H. (1980): Analytische und experimentelle Untersuchungen zur Bedeutung der Humus- und Fulovsäuren als Reaktionspartner für Schwermetalle in anthropogen belasteten und unbelasteten Regionen. Dissertation Johannes Gutenberg-Universität Mainz

Kirschey, K.-G. (1978): Schwermetallverteilungen in Böden kristalliner Bereiche der Saar-Nahe-Senke. Dissertation der Rheinischen Friedrich-Wilhelms-Universität Bonn

Kritsotakis, K. & Tobschall, H. J. (1978): Untersuchungen zur Verwendbarkeit der Differential-Pulse-Anodic-Stripping Voltammetrie für die Bestimmung der chemischen Species des Elements Zn in anthropogen belasteten Flußwässern. Fresenius Z. Anal. Chem. **292**, 8-12

Kritsotakis, K., Laskowski, N. & Tobschall, H. J. (1979): Anwendung der Glaskarbon-Elektrode für die Quecksilberbestimmung in Flußwasser mittels der Differentialpuls-Inversvoltammetrie. Intern. J. Environ. Anal. Chem., **6**, 203–216

Kritsotakis, K., Rubischung, P. & Tobschall, H. J. (1979): Inversvoltammetrische Untersuchungen zur Speciation des Quecksilbers in Flußwasser. Fresenius Z. Anal. Chem. **296**, 358–364

Köster, H. M. (1980): Kaolin deposits of eastern Bavaria and the Rheinische Schiefergebirge (Rhenish Slate Mountains). Geol. Jb., D **39**, 7–23

Köster, H. M. (1977): A contribution to the geochemistry and the genesis of the kaolin-feldspar deposits of Eastern Bavaria. Proc. 8th Intern. Kaolin Symp. and Meeting on Alunite, Madrid – Rome 1977, No. K-11, 6pp

Kohler, E. E. & Köster, H. M. (1976): Zur Mineralogie, Kristallchemie und Geochemie kretazischer Glaukonite. Clay Miner., **11**, 273–301

Kramar, U. & Puchelt, H. (1982): Reproducibility tests for INAA determinations with AGV-1, BCR-1 and GSP-1 and new data for 17 geochemical reference materials. Geostandards Newsletter, Vol 6, No. 2

Laskowski, N., Pommerenke, D., Kost, Th., Schäfer, A. & Tobschall, H. J. (1975): Heavy metal and organic carbon content of recent sediments near Mainz. Naturwissenschaften, 62. Jhg., 136

Laskowski, N., Kost, Th., Pommerenke, D., Schäfer, A. & Tobschall, H. (1976): Abundance and distribution of some heavy metals in recent sediments of a highly polluted limnic-fluviatile ecosystem near Mainz, W. Germany. In: Nriagu, J. O. (Ed.): Environmental Biochemistry, 163–171. Ann Arbor Publishers

Laskowski, N. (1976): Die Gehalte der Elemente Ni, Cu, Zn, Rb. Sr, Y, Zr, Nb, Ag, Cd und Hg in Korngrößenfraktionen der Sinkstoffe und Sedimente des Ginsheimer Altrheines. Ein Beitrag zur Geochemie eines limnisch-fluviatilen Gewässers mit intensiver urbanindustrieller Belastung. Diplomarbeit Johannes Gutenberg-Universität Mainz

Lange, H. P. (1977): Die Gehalte der Elemente Ni, Cu, Zn, As, Rb, Sr, Y, Zr, Ag, Cd, Sn, Pb und Sb in Sedimenten ausgewählter Fließgewässer des Hessischen Rieds. Diplomarbeit Johannes Gutenberg-Universität Mainz

März, K. (1977): Hydrogeologische und hydrochemische Untersuchungen in Buntsandstein und Muschelkalk Nordbayern. Hydrochem. hydrogeol. Mitt. **2**, 1–170

Marinsky, J. A., Wolf, A. & Bunzl, K. (1980): The binding of trace amounts of lead (II), copper (II), cadmium (II), zinc (II) and calcium (II) to soil organic matter. Talanta **27**, 461–468

Maus, H. & Stahr, K. (1977): Auftreten und Verbreitung von Lößlehmbeimengungen in periglazialen Schuttdecken des Schwarzwaldwestabfalls. Catena, **3**, 369-386

Mayer, R. (1978): Adsorptionsisothermen als Regelgrößen beim Transport von Schwermetallen in Böden. Z. Pflanzenern. Bodenk., **141**, 11-28

Mayer, R. & Heinrichs, H. (1977): Gehalte an 26 Elementen (einschl. Spurenelementen) in Düngemitteln und Böden sowie Bodenvorräte und Flüssebilanzen in zwei Waldökosystemen. Mitt. Dtsch. Bodenk. Ges. **25**, 367-376

Mayer, R., Heinrichs, H., Seekamp, G. & Faßbender, H. W. (1980): Die Bestimmung repräsentativer Mittelwerte von Schwermetall-Konzentrationen in den Niederschlägen und im Sickerwasser von Waldstandorten des Sollings. Z. Pflanzenern. Bodenk. **143**, 221-231

Mayer, R. & Heinrichs, H. (1980): Flüssebilanzen und aktuelle Änderungsraten der Schwermetallvorräte in Waldökosystemen des Sollings. Z. Pflanzenern. Bodenk. **143**, 232-246

Mayer, R. & Ulrich, B. (1980): Anthropogenic influence on the Nutrient Balance of spruce forest ecosystems. In: Klimo, E. edt., Stability of spruce forest ecosystems. IUFRO/MAB-Symposium, 1979, Brno, CSSR, Proceedings, 399-406

Mayer, R. (1981): Ist unser Ökosystem in Gefahr durch Einflüsse von Schadstoffen außerlandwirtschaftlicher Herkunft. In: Landbewirtschaftung und Ökologie. Arbeiten der DLB, Bd. 127, Frankfurt, 126-130

Mayer, R. & Heinrichs, H. (1981): Gehalte von Baumwurzeln an chemischen Elementen einschließlich Schwermetallen aus Luftverunreinigungen. Z. Pflanzenern. Bodenk., **144**, 637-646

Mayer, R. (1981): Natürliche und anthropogene Komponenten des Schwermetallhaushalts von Waldökosystemen. Göttinger Bodenk. Ber. **70**, 1-292 (Habilitationsschrift Univ. Göttingen)

Mayer, R. & Ulrich, B. (1982): Calculation of deposition rates from the flux balance and ecological effects of atmospheric deposition upon forest ecosystems. In: Georgii, H. W. and Pankrath, J. edts.: Deposition of atmospheric pollutants, Reidel, D. Publ. Comp., 195-200

Mayer, R. (1983): Interaction of forest canopies with atmospheric constituents: Aluminium and heavy metals. In: Ulrich, B. and Pankrath, J. edts.: Effects of accumulation of air pollutants in forest ecosystems. Reidel, D. Publ. Comp., 47-55

Molnar, F. M., Rothe, P., Förstner, U., Stern, J., Ogorelec, B., Sercelj, A. & Culberg, M. (1978): Sedimentology and geochemistry of recent deposits

from Lakes Bled and Bohinj in Slovenia, Yugoslavia - preliminary investigations 1976-1977. Geologija (Ljubljana), **21**, 93-164

Meiwes, K.-J. & Heinrichs, H. (1978): Schwefelinventur zweier Waldökosysteme auf sauren Braunerden im Solling. Mitt. Dtsch. Bodenk. Ges. **27**, 263-270

Meiwes, K.-J., Heinrichs, H. & Khanna, P. K. (1980): Schwefel in Waldböden Nordwestdeutschlands und seine vegetationsabhängige Akkumulation. Plant and Soil **54**, 173-183

Mazur, S., Matusinovic, T. & Camann, K. (1977): Organic reactions of oxide-free carbon surfaces, an electroactive derivative. In: J. A. C. S. **99**, 3888

Messerer, M. (1975): Untersuchungen zur Anreicherung und Trennung der Spurenelemente Zn, Cd, Hg, Tl, Pb und Bi als Chlorokomplexe an Anionenaustauschern und durch Extraktion der Dithizonate. Diplomarbeit TU München

Meyer, A., Hofer, Ch. & Tölg, G. (1978): Bestimmung von Selen im ppb-Bereich durch AAS mit dem Graphitofen in Kupfer, Kupferlegierungen, Silber, Gold, Blei und Bismut nach Verflüchtigung im Sauerstoffstrom. Fresenius Z. Anal. Chem. **290**, 292-298

Meyer, A., Hofer, Ch., Tölg, G., Raptis, S. & Knapp, G. (1979): Elementquerstörungen bei der spurenanalytischen Selenbestimmung nach dem Hydrid-AAS-Verfahren. Fresenius Z. Anal. Chem. **296**, 337-344

Meyer, A., Hofer, Ch., Knapp, G. & Tölg, G. (1983): Selenbestimmung im µg/g- und ng/g-Bereich in anorganischen und organischen Matrices nach Verdampfungsanalyse im dynamischen System durch ETA-AAS. Fresenius, Z. Anal. Chem., im Druck

Müller, G. & Förstner, U. (1976): Primary nontronite from the Venezuelan Guayana: Additional primary occurrences (Red Sea, Lake Malawi). Amer. Mineralogist **61**, 500-501

Müller, G., Nagel, U. & Purba, J. (1978): Gelöste Bor- und Phosphorverbindungen in Neckar und Elsenz: Herkunft, Bilanzierung, Umweltrelevanz. Chemikerzeitung **102**, 169-178

Müller, G. & Prosi, F. (1978): Verteilung von Zink, Kupfer und Cadmium in verschiedenen Organen von Plötzen (Rutilus rutilus L.) aus Neckar und Elsenz. Z. Naturforsch. **33c**, 9-14

Müller, G. & Nagel, U. (1980): Kupfer und Zink im Wasser von Neckar und Elsenz - Ergebnisse systematischer Untersuchungen in den Jahren 1976 und 1979. Chemikerzeitung **104**, 9-11

Müller, G. (1983): Zur Chronologie des Schadstoffeintrags in Gewässer. Geowissenschaften unserer Zeit, **1**, 2-11

Müller, G. & Riethmayer, S. (1982): Chemische Entgiftung: das alternative Konzept zur problemlosen und entgültigen Entsorgung Schwermetallbelasteter Baggerschlämme. Chemikerzeitung, **7/8**, 289-292

Malle, K. G. & Müller, G. (1982): Metallgehalt und Schwebstoffgehalt im Rhein. Z. Wasser Abwasser Forsch. **15**, 11-15

Müller-Koelbl, G. (1979): Quecksilber-Bestimmung im Ultraspurenbereich an geologischen Proben. Diplomarbeit Universität Karlsruhe

Neder, N. (1976): Zur Beeinflussung der Borgehalte von Tonmineralen durch anthropogene Boremissionen: Die Gehalte an Tonmineralen und den Elementen Bor und Kohlenstoff in Korngrößenfraktionen der Sinkstoffe und Sedimente des Ginsheimer Altrheines. Diplomarbeit Johannes Gutenberg-Universität Mainz

Neder, N. (1980): Untersuchungen zur Identifizierung und quantitativen Bestimmung ausgewählter Organoquecksilberverbindungen sowie umweltrelevanter Spurenelemente in Wässern des Ginsheimer Altrheines. Dissertation Johannes Gutenberg-Universität Mainz

Neumayr, V. & Matthess, G. (1977): Schwermetalle in Grundwässern der Westküste Schleswig-Holsteins. Vom Wasser **48**, 17-39

Neumayr, V. (1979): Schwermetallspuren und Ursachen ihrer Verbreitung in Grundwässern an der Westküste Schleswig-Holsteins. Dissertation Univ. Kiel

Oechsle, D. (1980): Radioanalytische Untersuchungen zur Mobilität von Quecksilberspuren in Moorböden. Diplomarbeit Univ. Stuttgart

Prosi, F., Hoene-Schweikert, H. & Müller, G. (1979): Verteilungsmuster von Schwermetallen in einem ländlichen Raum. Naturwissenschaften, **66**, 573-574

Prosi, F. (1977): Schwermetallbelastung in den Sedimenten der Elsenz und ihre Auswirkung auf limnische Organismen. Dissertation Univ. Heidelberg

Puchelt, H. & Walk, H. (1980): Umweltrelevante Spurenelemente in Böden eines alten Bergbaugebietes. Naturwissenschaften **67**, 190

Puchelt, H. (1980): Thallium. Naturwissenschaftliche Rundschau, 33. Jahrg., Heft 5

Puchelt, H. & Walk, H. (1982): Cadmium, Thallium, Blei und Wismut in den Böden der ehemaligen Pb-Zn-Lagerstätte von Wiesloch und Umgebung. Fortschr. d. Mineralogie, Band 60

Raisch, W. (1983): Bioelementverteilung in Fichtenökosystemen der Bärhalde (Südschwarzwald). Freiburger Bodenk. Abh. Heft 11, 238 S.

Raptis, S., Knapp, G., Meyer, A. & Tölg, G. (1980): Systematische Fehler bei der Selenbestimmung im ng/g-Bereich in biologischen Matrices nach dem Hydrid-AAS-Verfahren. Fresenius Z. Anal. Chem., **300**, 18-21

Richter, J. (1982): Das geochemische Verteilungsmuster umweltrelevanter Spurenelemente. Dissertation Univ. Erlangen-Nürnberg

Richter, J. & Schwab, R. G. (1982): Zum geochemischen Verteilungsmuster umweltrelevanter Spurenelemente. Fortschr. Miner. **60**, 178-179

Rubischung, F. & Tobschall, H. J. (1980): Identifizierung und Bestimmung einiger umweltrelevanter Organoquecksilberverbindungen in rezenten fluviatilen Sedimenten mit Hilfe der Dünnschichtchromatographie. Chem. Erde **39**, 239-275

Rubischung, F. (1980): Identifizierung und Bestimmung einiger umweltrelevanter Organoquecksilberverbindungen in rezenten fluviatilen Sedimenten mit Hilfe der Dünnschichtchromatographie. Dissertation Johannes Gutenberg-Universität Mainz

Ruppert, H. (1975): Geochemical investigations on atmospheric precipitation in a medium-sized city (Göttingen, F.R.G.). Water, Air and Soil Pollution, **4**, 447

Schlichting, E. & Müller, D. (1979): Schwermetall-Bilanzen und -Umsätze in südwestdeutschen Kleinlandschaften aus Sedimentgesteinen. Mitt. Dtsch. Bodenk. Ges., **29**, 545-548

Schmidt, W. & Dietl, F. (1978): Anreicherung und Bestimmung von Blei in Boden- und Sedimentaufschlüssen und -extrakten mit der Flammenatomabsorption. Fresenius Z. Anal. Chem. **291**, 213-216

Schmidt, W. & Dietl, F. (1979): Bestimmung von Cadmium in Boden- und Sedimentaufschlüssen und -extrakten mit der flammenlosen Atomabsorption in Zirkonium-beschichteten Graphitrohren. Fresenius Z. Anal. Chem. **295**, 110-115

Schmoll, G. & Förstner, U. (1979): Chemical associations of heavy metals in lacustrine sediments. I. Calcareous lake sediments from different climatic zones. N. Jb. Min. Abh., **135**, 190-208

Schmoll, G. (1977): Metallbindung in karbonatischen See-Sedimenten. Diplomarbeit Univ. Heidelberg

Schwab, R. G. & Richter, J. (1978): Das geochemische Verteilungsmuster der Elemente Be, Co, Cr, Cu, Mo, Ni, Pb, V, Zn in Gesteinen und Böden des Fichtelgebirges. Fortschr. Miner., **56**, 129

Schwab, R. G. & Richter, J. (1983): Das geochemische Verteilungsmuster der Spurenelemente As, B, Be, Cd, Co, Cr, Cu, Mn, Mo, Ni, Pb, Se, Tl und V in Gesteinen und Böden des Fichtelgebirges. Abschlußbericht, in Vorber.

Schwertmann, U., Fischer, W. R. & Fechter, H. (1982): Spurenelemente in

Bodensequenzen. I. Zwei Braunerde-Podsol-Sequenzen aus Tonschieferschutt. Z. Pflanzenern. Bodenkunde **145**, 161–180

Schwertmann, U., Fischer, W. R. & Fechter, H. (1982): Spurenelemente in Bodensequenzen. II. Zwei Pararendzina-Pseudogley-Sequenzen aus Löß. Z. Pflanzenern. Bodenkunde **145**, 181–196

Stahr, K., Zöttl, H. W. & Hädrich, Fr. (1978): Transport of trace elements (Be, Cd, Vu, Pb) in different ecosystems of a small watershed of the Black Forest (Germany). 11th Int. Congr. of Soil Sci. Edmonton, Vol. 1, 296–297

Stahr, K., Zöttl, H. W. & Hädrich, Fr. (1980): Transport of trace elements in ecosystems of the Bärhalde watershed in the southern Black Forest. Soil Sci., **130**, 217–224

Stahr, K., Hädrich, Fr. & Gauer, J. (1982): Water and element movement in a stagnogley on the slope of the Bärhalde range (Black Forest, Germany). Vortrag Tagung Intern. Bodenk. Ges. New Delhi

Stahr, K. & Gudmundsson, Th. (1981): Tonmineralbildung und -umwandlung im Gneisgebiet des Südschwarzwaldes. Mitt. Dtsch. Bodenkdl. Ges., **32**, 811–815

Stern, J. & Förstner, U. (1976): Heavy metals accumulation in sediments of the Sava Basin in Slovenia. Preliminary investigations 1975/76. Geologija (Ljubljana) **19**, 259–274

Tölg, G. (1977): Zur Analytik von Spurenelementen in biologischem Material. Fresenius Z. Anal. Chem., **283**, 257–267

Tölg, G. & Lorenz, I. (1977): Quecksilber ein Problemelement für den Menschen? Chemie in unserer Zeit **11**, 150–156

Troll, G., Farzaneh, A. & Camann, K. (1977): Rapid determination of fluoride in mineral and rock samples using an ionselective electrode. Chem. Geology, **20**, 295–305

Troll, G. & Farzaneh, A. (1978): Determination of fluorine and total water in thirty-three international geochemical reference samples. Geostandards Newsletter, **2**, 43–47

Troll, G. & Farzaneh, A. (1978): Fluorine loess in production of bricks and comparison with the loss in fluorine-bearing minerals. Interceram **27**, 400–402

Troll, G. & Farzaneh, A. (1980): Fluorine in some C.I.I. biological reference samples and fluorine losses during ashing. Geostandards Newsletter **3**, 39–41

Troll, G. & Farzaneh, A. (1980): Determination of fluorine, chlorine, and water in eight new USGS reference samples. Geostandards Newsletter **3**, 37–38

Troll, G. & Winkler, W. (1981): Fluorine content in communal sewage sludges from Bavaria. Environmental Technology Letters **2**, 329–333

Udluft, P. (1979): Das Grundwasser Frankens und angrenzender Gebiete. Steir. Beitr. z. Hydrogeologie, **31**, 5–128

Vogt, K. & Köster, H. M. (1978): Zur Mineralogie, Kristallchemie und Geochemie einiger Montmorillonite aus Bentoniten. Clay Miner., **13**, 25–43

Valeton, I. & Khoo, F. (1976): Petrographie und Geochemie des schwarzen Schlickes in der Außenalster. Mitt. Geol.-Paläont. Inst. Univ. Hamburg, Sonderband Alster, 139–171

Valeton, I. & Khoo, F. (1979): Zur Geochemie umweltrelevanter Spurenelemente in der Elbe zwischen Lauenburg und Hamburg. Mitt. Geol.-Paläont. Inst. Univ. Hamburg, **49**, 147–174.

Wolf, A., Bunzl, K., Dietl, F. & Schmidt, W. (1977): Effect of Ca^{2+}-ions on the absorption of Pb^{2+}, Cu^{2+}, Cd^{2+} and Zn^{2+} by humic substances. Chemosphere, **5**, 207

Walk, H. & Puchelt, H. (1981): Umweltrelevante Spurenelemente in Böden Südwestdeutschlands und deren Ausgangsgesteinen. Fortschr. d. Mineralogie, Band 59

Walk, H. & Puchelt, H. (1980): Spurenelemente im Posidonienschiefer Süddeutschlands und seinen Böden. Fortschr. d. Mineralogie, Band 58

Walk, H. (1982): Die Gehalte der Schwermetalle Cd, Tl, Pb, Bi und weiterer Spurenelemente in natürlichen Böden und ihren Ausgangsgesteinen Südwestdeutschlands. Dissertation Univ. Karlsruhe

Wirth, H. (1979): Sedimentologie und Geochemie von Elbeschwebstoffen zwischen Schnackenburg und Hamburg. Diplomarbeit Univ. Hamburg

Wittmann, G. & Förstner, U. (1975): Metal enrichment of sediments in inland waters. – The Hartbeespoort Dam. Water S.A. (South Africa), **1**, 76–82

Zöttl, H. W., Stahr, K. & Keilen, K. (1977): Bodenentwicklung und Standortseigenschaften im Gebiet des Bärhaldegranits. Allg. Forst- und Jagdz., **148**, 185–197

Zöttl, H. W., Stahr, K. & Keilen, K. (1977): Spurenelementverteilung in einer Bodengesellschaft im Bärhaldegranitgebiet (Südschwarzwald). Mitt. Dtsch. Bodenk. Ges., **25, I**, 153–162

Zöttl, H. W. & Stahr, K. (1978): Trace element distribution (Be, Cd, Co, Cu, Mn, Ni, Pb, V, Zn) in a soil catena of the Baerhalde Granite Region in southern Black Forest (Germany). 11th Intern. Congr. of Soil Sci., Edmonton 1978, Vol. 1, 165–166

Zöttl, H. W., Stahr, K. & Hädrich, Fr. (1979): Umsatz von Spurenelementen in der Bärhalde und ihren Ökosystemen. Mitt. Dtsch. Bodenkundl. Ges., **29**, 569–576

Forschungsprobleme in den Werkstoffwissenschaften

von Dieter Küstner, Erlangen

1 Einleitung

Im Rahmen dieses Beitrags werden allgemeine und spezielle Fragestellungen der relativ jungen wissenschaftlichen Disziplin „Werkstoffwissenschaften" anhand von Beispielen erläutert, zuvor soll kurz eine Beschreibung dieser Disziplin erfolgen. Sie hat viele ihrer Wurzeln in den traditionellen Wissenschaften wie Physik, Chemie, Mineralogie, Kristallographie und Hüttenwesen. Umso verwunderlicher ist es, daß es im Verständnis dieser Fachrichtungen füreinander auch heute noch zahlreiche Schwierigkeiten gibt. Ein Teil der Werkstoffwissenschaften schließt nahtlos dort an, wo die Intentionen der Geowissenschaften, insbesondere der Mineralogie, bislang aufhörten, und strebt damit oft eine konsequent-praxisorientierte Weiterführung vieler wertvoller, wissenschaftlicher Erkenntnisse aus dem Geo-Wissenschaftsbereich an. Die permanente Herausforderung an den Wissenschaftler, etwas, das er oft bis ins kleinste Detail untersucht und charakterisiert hat, auch zur Verwertung beziehungsweise Anwendung zu bringen, darf wohl als Triebkraft zur Gründung dieser neuen Disziplin Werkstoffwissenschaften angesehen werden. Trotz vieler Gemeinsamkeiten (ähnliche Forschungsprobleme, teilweise identische Untersuchungsmethoden und Terminologie) gibt es etwas Trennendes zwischen den Geowissenschaften und den Werkstoffwissenschaften. Dies mag in der allgemein vorherrschenden Anschauung begründet sein, daß unter dem Begriff des Ingenieurs – mit dieser Berufsbezeichnung verläßt ein Werkstoffwissenschaftler nach abgeschlossenem Studium die Hochschule – in erster Linie ein Techniker mit naturwissenschaftlicher Ausbildung und nur sekundär ein Naturwissenschaftler mit Technologiekenntnissen zu verstehen ist. Obgleich die Werkstoffwissenschaften Grundlagenforschung und Technologie betreiben, wird die berufliche Aufgabe eines Werkstoffwissenschaftlers oft nur einseitig in der Erstellung technischer Anlagen sowie in der Konzeption und Führung von Produktionsprozessen gesehen. Die wichtige Aufgabe, geeignete Werkstoffe für den Bau dieser Anlagen oder für die Herstellung eines technisch verwertbaren Produkts zu entwickeln, wird dabei nur allzu leicht vergessen. In der Hoffnung, daß eine engere Beziehung zwischen den beiden Disziplinen Geo- und Werkstoffwissenschaften erreicht werden kann, wurde dieser Beitrag vom Autor gestaltet.

2 Zum Begriff „Werkstoff"

Als „Werkstoff" wird jeder natürliche oder synthetische, feste Stoff bezeichnet, der zur Realisierung technischer Entwürfe eingesetzt wird. Unter diese Definition fallen damit natürliche Produkte wie z. B. Gangquarzit oder Dunit, die als Feuerfestmaterialien in einer Glasschmelzanlage eingesetzt werden, ebenso wie ein auf synthetischem Wege hergestelltes Pulver für die Oxidkeramik. Selbstverständlich muß ein Werkstoff nicht unbedingt kristallin und anorganisch sein, er kann auch glasig oder polymer strukturiert sein. Folgende Materialien fallen damit unter die Bezeichnung Werkstoff: *Metalle, Keramik, Glas, Kunststoffe, Naturfaser, Verbundwerkstoffe, Holz und Naturstein.*

3 Werkstoffwissenschaften – Aufgaben und Arbeitsrichtungen

Aufgabe der Werkstoffwissenschaften ist es, eine wissenschaftliche Grundlage für die Herstellung, Verarbeitung, Prüfung und Anwendung dieser Werkstoffe zu liefern. Wie diese Verkettung auf dem Bereich „Glas und Keramik", die anderen Werkstoffbereiche werden hier aus verständlichen Gründen ausgeklammert, aussieht, wird im folgenden näher erläutert.

Zu Beginn sei darauf hingewiesen, daß der Werkstoffwissenschaftler sich nur in speziellen Fällen, z. B. in der Elektrotechnik, mit dem Einkristall befaßt und aus diesem Grund die Makroeigenschaften des Kristallindividuums, z. B. dessen Festigkeit oder thermische bzw. elektrische Leitfähigkeit, weniger gefragt sind als die eines Kristallkollektivs. Da die zu erstellenden Werkstücke in der Regel groß und bisweilen auch recht kompliziert geformt sind, muß sich der Werkstoffwissenschaftler primär mit polykristallinen Werkstoffen befassen. In vielen Fällen, besonders in der klassischen **Keramik** *(Porzellan, Steingut, Steinzeug)* liegt zusätzlich noch ein großer Anteil an Glasphase vor, die thermodynamisch betrachtet im Ungleichgewicht ist. Damit kommt dem Einfluß des Gefüges auf die Werkstoffeigenschaften eine erhebliche Bedeutung zu. Die Makroeigenschaften eines Werkstoffs mit Gefüge können völlig andere sein als die eines entsprechenden Einkristalls.

Als anschauliches Beispiel dafür können aus der Gruppe der temperaturabhängigen Widerstände die sogenannten **Kaltleiter** *(PTC-Widerstände:* Widerstände mit **p**ositiver **T**emperatur**c**harakteristik) angeführt werden. Hergestellt werden diese Werkstoffe aus $BaTiO_3$, das mit ca. 0,1 bis 0,4

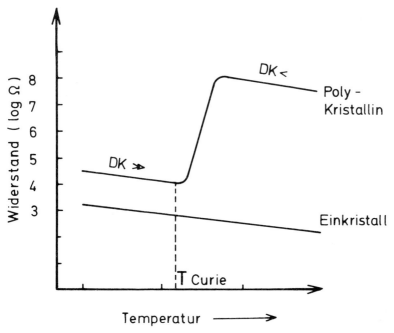

Abb. 1: Widerstand – Temperaturcharakteristik eines PTC-Widerstandes vom Typ $BaTiO_3$, dotiert mit La^{3+}, Sb^{5+} oder Nb^{5+} (DK = Dielektrizitätskonstante).

Mol-% La_2O_3 oder Sb_2O_5 bzw. Nb_2O_5 dotiert ist [1, 2]. Beim dotierten Einkristall liegt eine schwache Zunahme der Leitfähigkeit vor; es handelt sich dabei um eine n-Leitung, mit steigender Temperatur. Im gesinterten, polykristallinen Material mit vielen Korngrenzen hängt jedoch die Leitfähigkeit in ganz anderer Weise von der Temperatur ab, da jede Korngrenze als Potentialbarriere für die leitenden Elektronen wirkt; dies ist in der Abb. 1 schematisch dargestellt. Oberhalb der Curietemperatur, die den Übergang von der tetragonalen in die kubische Struktur des $BaTiO_3$ definiert, sinkt die Leitfähigkeit des polykristallinen Werkstoffs rasch um den Faktor 10^3 bis 10^5 ab in Abhängigkeit von der Dotierung und Korngröße. Beim dotierten Einkristall ist in diesem Temperaturbereich praktisch kein Sprung in der Leitfähigkeit vorhanden. Die Ursachen dieses Gefügeeffekts können heute als weitgehend geklärt angesehen werden, so daß dieses Beispiel nicht mehr als ein aktuelles Forschungsproblem in den Werkstoffwissenschaften einzuordnen ist. Es verdeutlicht aber, daß für den Werkstoffwissenschaftler zwei Arbeitsrichtungen vorgegeben sind:

1. Die **Grundlagenforschung,** die eine Korrelation der makroskopischen Eigenschaften eines Werkstoffs
    a) mit der Feinstruktur der den Werkstoff aufbauenden Komponenten und
    b) mit dem Werkstoffgefüge zum Ziel hat.

2. Die **Umsetzung** des Grundlagenwissens **in die Technologie** der Werkstoffherstellung, die nicht im Labormaßstab, sondern in der industriellen Fertigung enden sollte.

Unter der Berücksichtigung der obigen Aspekte können Fragestellungen an den Werkstoffwissenschaftler aus zwei Richtungen herangetragen werden. Dies soll anhand des Wechselwirkungsschemas „Werkstoffaufbau – Werkstoffeigenschaften – Werkstoffanwendung" in der Abb. 2 veranschaulicht werden.

Ein Weg führt vom Werkstoffaufbau, der die Makroeigenschaften des Werkstoffs bestimmt, zu der Frage, die sich der Werkstoffwissenschaftler immer selbst stellen muß: **Wo kann ein neuentwickelter Werkstoff auf Grund seiner Eigenschaften überhaupt eingesetzt werden, läßt er sich nur in Form einer Tablette im Labormaßstab herstellen oder auch großtechnisch in erwünschter Gestalt?**

Der andere Weg hat seinen Ursprung im Komplex „Werkstoffanwendung". In diesem Fall werden die Werkstoffwissenschaften von außen gefragt, ob für ein spezielles Anwendungsgebiet ein „maßgeschneiderter"

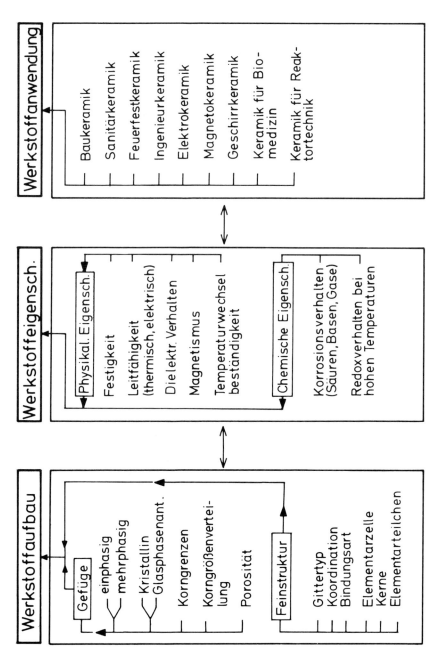

Abb. 2: Wechselwirkung von Aufbau, Eigenschaften und Anwendung eines Werkstoffes.

Werkstoff mit besonderen Eigenschaften existiert oder herstellbar ist. Oft muß der Werkstoffwissenschaftler diesen Werkstoff völlig neu entwickeln und einen gangbaren Weg für eine großtechnische Realisierung vorschlagen. Dabei ist nicht immer eindeutig eine Korrelation der Feinstruktur eines Stoffes mit den Eigenschaften gegeben. So bestimmt z. B. nicht allein der chemische Bindungscharakter der Werkstoffkomponenten die mechanische Festigkeit des Werkstoffs. In hohem Ausmaß wird diese auch durch die Korngröße und die Oberflächenbeschaffenheit des Werkstoffs beeinflußt. Letztere läßt sich durch eine entsprechende Nachbearbeitung wie Polieren oder Ätzen verbessern, da auf diese Weise festigkeitsverringernde Mikrorisse eliminiert werden können.

4 Der Werkstoff ZrO_2

Exemplarisch sollen die beiden Arbeitsrichtungen in den Werkstoffwissenschaften anhand zweier Forschungsprobleme des Werkstoffs ZrO_2 veranschaulicht werden.

Ohne diesen Werkstoff ist der Betrieb moderner Glasschmelzanlagen mit ihren hohen Schmelzleistungen nicht mehr vorstellbar. Kein anderes Oxid, das geochemisch in dieser Menge vorliegt bzw. aus den entsprechenden Verbindungen hergestellt werden kann, hält bei Einsatztemperaturen bis zu 1600 °C den Korrosionsbedingungen einer Glasschmelze in diesem Ausmaß stand.

Im ersten Fall kam die Fragestellung von der Anwenderseite, die einen Werkstoff mit folgenden Eigenschaften suchte:

hohe Feuerfestigkeit – hohe Korrosionsbeständigkeit gegenüber den Komponenten der Glasschmelze – nicht färbend – keine reduzierende Wirkung – geringere elektrische Leitfähigkeit als das Glas – in großen Blöcken herstellbar und wirtschaftlich tragbar.

Damit waren die Anforderungen an das Werkstoffgefüge bzw. an die Feinstruktur folgende:

geringe Porosität – polykristallin – stabiles oxidisches Gitter – keine polyvalenten Ionen.

Eine Erfüllung dieser Anforderungen zumindest in feinstruktureller Hinsicht garantierte ZrO_2. Technisch mußten die Probleme wie geringe Porosität und damit hoher Korrosionswiderstand sowie die große Werkstoffabmessung gelöst werden. Prinzipiell bot sich als erfolgversprechendes Herstellungsverfahren der Weg über die Schmelze an. Dem standen aber einerseits die hohe Schmelztemperatur des ZrO_2 entgegen sowie dessen displazive Phasenumwandlung zwischen 1000 und 1100 °C mit einem Volumensprung von ca. 8 %. Gelöst wurden diese Probleme durch die Vorgabe einer hochviskosen Glasphase im Stein, die einerseits die Gießtemperatur bei der Steinherstellung auf ca. 1900 °C erniedrigte und andererseits die Auswirkungen des Volumensprungs des ZrO_2 auf eine Rißbildung im Stein bei der Abkühlung und beim erneuten Aufheizen stark abschwächte, allerdings auf Kosten der Korrosionsbeständigkeit. Diese wurde in weiterer Entwicklung dadurch verbessert, indem der ZrO_2-Gehalt von ursprünglich 32 auf 41 % erhöht, der Glasphasenanteil dementsprechend reduziert wurde und die Rohstoffe oxidierend erschmolzen wurden. Damit konnten gleichzeitig steinzerstörende Effekte wie das Ausschwitzen der Glasphase bei hohen Temperaturen und die Blasenbildung im Kontakt mit der Glasschmelze weitgehend eliminiert werden. Das Ergebnis weiterer Forschungsarbeit, die insbesondere den Einfluß der Glasphasenzusammensetzung auf eine Rißbildung bei der Steinherstellung sorgfältig analysiert hat, ermöglicht seit kurzem die rißfreie Herstellung großer, schmelzgegossener Steine mit einem Anteil von monoklinem ZrO_2 von 94 % durch eine entsprechende Dotierung der Glasphase von bestimmter Zusammensetzung. Diese Steinqualität besitzt gegenüber verschiedenen Glasschmelzen eine deutlich erhöhte Korrosionsbeständigkeit im Vergleich zu den bisherigen Steinen. Warum dies aber nicht bei allen Glassorten der Fall ist und dieser Stein beim mehrfachen zyklischen Auf- und Abheizen eine kontinuierliche Volumenzunahme aufweist, muß noch durch weitere systematische Forschungsarbeit geklärt werden.

Eine zweite Fragestellung im Zusammenhang mit dem Werkstoff ZrO_2 hatte ihren Ursprung im Komplex „Werkstoffaufbau". Durch die Dotierung von ZrO_2 mit zwei- oder dreiwertigen Kationen wird die kubische Fluoritstruktur bis zur Raumtemperatur hinab stabilisiert. Als Nebeneffekt der Stabilisierung werden im Gitter Anionenleerstellen erzeugt, die bei erhöhter Temperatur eine ausgezeichnete Beweglichkeit der Sauerstoffionen mit einer Überführungszahl von nahezu 1 innerhalb eines weiten pO_2-Bereiches gewährleisten. Auf Grund dieser besonderen Werkstoffeigenschaft, der sauerstoffionenspezifischen Leitfähigkeit, war die Anwendung vorgegeben, nämlich als Festelektrolyt zur pO_2-Messung. Heute wird in zunehmendem Maß die voll- bzw. teilstabilisierte ZrO_2-Keramik zur Erfassung der Sauerstoffaktivität in Metall- und Glasschmelzen sowie zur Kontrolle von Rauchgasen in industriellen Feuerungsanlagen bzw. Abgasen von Verbrennungsmotoren eingesetzt, um z. B. das Luft/Brennstoffverhältnis optimal zu regeln. In der Grundlagenforschung konnten durch in situ-Messungen bei hohen Temperaturen mit Hilfe dieses Festelektrolyten zahlreiche thermodynamische Daten mit ausgezeichneter Genauigkeit gewonnen werden.

Nachdem sich die Anwendung von stabilisiertem ZrO_2 primär auf die Ausnutzung des speziellen Leitfähigkeitsverhaltens konzentrierte, waren auch die anfänglichen Forschungsarbeiten auf eine Verbesserung der Leitfähigkeit, besonders bei tieferen Temperaturen, ausgerichtet. Diese ließ sich einmal über die Korngröße, dann aber auch über die Konzentration und Art des Dotierungselements beeinflussen, wobei unabhängig vom Dotierungselement immer bei relativ niedrigen Konzentrationen ein Leitfähigkeitsmaximum durchlaufen wird. Die Ursachen dafür wurden in der Literatur [3] ausgiebig diskutiert sowie zahlreiche Modelle zur Beschreibung der Leitfähigkeitsmechanismen in Abhängigkeit von der Dotierungskonzentration erstellt. Dabei ermöglichten spezielle Meßmethoden die Untersuchung des Einflusses der Korngrenzen, des sogenannten „bulk's" und der Elektroden auf die Leitfähigkeit.

Die gegenwärtigen Bestrebungen in den Werkstoffwissenschaften zielen nicht mehr unbedingt auf eine Verbesserung der Leitfähigkeit der ZrO_2-Keramik ab, sondern je nach Anwendungsgebiet auf eine Verbesserung der Korrosionseigenschaften, der mechanischen Festigkeit und der Thermoschockbeständigkeit. Letztere Eigenschaft, die z. B. beim Einsatz von ZrO_2 in Auspuffanlagen von wesentlicher Bedeutung ist, konnte durch die partielle Stabilisierung des ZrO_2 erheblich verbessert werden. Bei diesem Werkstoff sind aber im einzelnen noch die Mechanismen zu klären, die während eines Langzeiteinsatzes bei höheren Temperaturen die Leitfähigkeit und die Zellspannung verändern. Die Präzipitation einer tetragonalen Phase aus der kubischen Matrix sowie Ordnungsvorgänge innerhalb der Fluoritstruktur, die durch TEM*-Untersuchungen [4] nachgewiesen wurden, könnten als Ursachen in Frage kommen.

---

* TEM = Transmissions-Elektronen-Mikroskopie

5 Gefüge- und Korngrenzen-Untersuchungen

Seitdem die Bedeutung des Gefüges, vor allem der Korngrenzen, für die Makroeigenschaften eines Werkstoffs erkannt wurde, hat sich innerhalb der Werkstoffwissenschaften eine spezielle Forschungsrichtung, das sogenannte **grain boundary engineering**, etabliert. Die Forschungsprobleme liegen hier einmal in der Erfassung von Details chemischer, kristallographischer und physikalischer Art, die innerhalb sehr dünner intergranularer Schichten starke Effekte hinsichtlich der Werkstoffeigenschaften bewirken. Für die Analyse dieser Intergranularschichten, deren Dicke oft im Submikronbereich liegt, müssen besondere Untersuchungsmethoden (TEM, STEM, Auger-Elektronenspektroskopie, Laser-Raman-Spektroskopie etc.) eingesetzt werden, die ein räumliches Auflösungsvermögen von 1 µm und darunter besitzen. Nur unter dieser Voraussetzung war es möglich und wird es in Zukunft möglich sein, Vorgänge an den Korngrenzen systematisch zu erfassen und richtig zu interpretieren, um anschließend über ein „grain boundary engineering" gezielt und reproduzierbar Werkstoffeigenschaften vorgeben bzw. diese verbessern zu können.

Als Beispiel sei auch in diesem Fall ein Forschungsproblem aus der Elektrokeramik angeführt. *Varistoren* (spannungsabhängige Widerstände) lassen sich u.a. aus ZnO durch eine entsprechende Dotierung mit Bi_2O_3, Sb_2O_3, CoO, MnO, BaO, Cr_2O_3 etc. herstellen. Die Spannungsabhängigkeit und die I-V-Kennlinienform können innerhalb weiter Grenzen über die Abmessungen des Widerstandkörpers, Auswahl des Materials und den Gefügeaufbau variiert werden. Bereits der Misch- und Preßvorgang beeinflußt die elektrischen Eigenschaften. Als wichtigster Teilschritt ist der Sinterprozeß und seine Durchführung zu bewerten, da die Additive mit dem ZnO und untereinander in komplexer Form reagieren. Die nichtohmschen Eigenschaften sind primär von der Art und Verteilung der Additive an den Korngrenzen des ZnO abhängig, andere Eigenschaften wie z. B. der Überspannungsschutz wiederum von der ZnO-Korngröße bzw. ihrer Verteilung [5]. Dabei beeinflußt in Gegenwart von Bi_2O_3 und Sb_2O_3 die Wertigkeit des Mangans die ZnO-Korngröße und die Porosität [6], ohne diese Komponenten hat die Manganwertigkeit keinen Einfluß auf die angesprochenen Gefügeparameter. Durch Zugabe von Pr_6O_{11} läßt sich eine Oxidation von Zn-Atomen, die auf Zwischengitterplätzen in der ZnO-Struktur sitzen und als Donatoren wirken, im Korngrenzenbereich der ZnO-Kristallite erzielen und Eigenschaften, die von der Donatorenkonzentration abhängig sind, steuern [7]. Forschungsziele innerhalb dieses gesamten

Komplexes sind ein besseres Verstehen des nichtohmschen Leitungsverhaltens, des Gefügeeinflusses (Rolle der Intergranularschicht) und des Bildungsmechanismusses der Keramik als Funktion der Sintertemperatur, Atmosphäre und Zusammensetzung der Additive.

6 Entwicklung eines stabilen Protonenleiters

Ein weiteres Beispiel für eine anwendungsorientierte Grundlagenforschung in den Werkstoffwissenschaften soll aus dem Bereich der Energietechnik gewählt werden. Angesichts der angespannten Energiesituation wird die Suche nach alternativen Energieträgern immer zwingender. Zunehmend stärker wird Wasserstoff als saubere Energie in Erwägung gezogen, allerdings steht er nur in gebundener Form in großen Mengen an. Die Wasserstoffgewinnung über die konventionelle Wasserelektrolyse besitzt einen relativ niedrigen Wirkungsgrad, der beim Übergang zu einer Wasserdampfelektrolyse erheblich gesteigert werden könnte. Damit ist die Entwicklung eines bei höheren Temperaturen stabilen Protonenleiters ein aktuelles Forschungsproblem in den Werkstoffwissenschaften geworden. Die bereits seit einigen Jahrzehnten zunehmend intensivierte Forschungsarbeit auf diesem Sektor führte zu Verbindungen wie Lithiumhydrazinsulfat, H_3O^+-β"-Al_2O_3, HUA ($HUAsO_4 \cdot 4\,H_2O$) und HUP ($HUPO_4 \cdot 4\,H_2O$) als mögliche Werkstoffe für einen Protonenleiter. Die letzten beiden Verbindungen besitzen zwar bei Raumtemperatur bereits eine relativ hohe Leitfähigkeit von ca. $10^{-2}\,\Omega^{-1} \cdot cm^{-1}$ [8], aber ihre Anwendung ist auf Temperaturen zwischen 100 und maximal 200 °C limitiert. Der thermisch stabilere Protonenleiter H_3O^+-β"-Al_2O_3 hat im Vergleich zu den obengenannten Verbindungen allerdings eine um den Faktor 10^5 bis 10^7 schlechtere Leitfähigkeit. Werkstoffe mit verbesserter Protonenleitung und thermischer Stabilität lassen sich nach neueren Untersuchungen [9] aus Ammonium-Tantalat-Wolframat herstellen. Diese Verbindung besitzt eine Defektpyrochlorstruktur und ist stabil zumindest bis 300 °C bei einer Leitfähigkeit von ca. $10^{-3.5}\,\Omega^{-1} \cdot cm^{-1}$ bei dieser Temperatur. Das Ziel weiterer Forschungsarbeit ist es, die relativ niedrige Dichte dieses Werkstoffs von ca. 87 % des theoretischen Wertes durch Zugabe geeigneter Sinterhilfsmittel bzw. durch heißisostatisches Pressen zu erhöhen und die Protonenleitung noch zu verbessern. Dabei können gezielte Untersuchungen über die Wechselwirkung zwischen dem Proton bzw. Protonenträger und den am Gitteraufbau beteiligten 5-wertigen Kationen den Weg weisen.

7 Werkstoffgefüge von Keramik

Während bei den bislang angeführten Beispielen die Fragestellung an den Werkstoffwissenschaftler zumeist aus dem Bereich der Grundlagenforschung kam, soll abschließend kurz auf die zweite Arbeitsrichtung in den Werkstoffwissenschaften, nämlich die Umsetzung des Grundlagenwissens in die Technologie der Werkstoffherstellung, eingegangen werden. In vielen Fällen wird bei einer Keramik eine sehr einheitliche und kleine Korngröße sowie eine geringe bis fehlende Porosität gefordert, sei es aus Gründen der mechanischen Festigkeit oder auch der Transparenz. Im Labor läßt sich dies durch relativ kostenintensive Verfahren wie z. B. heißisostatisches Pressen oder Sintern im Hochvakuum erreichen, wobei kurze Reaktionszeiten und damit ein geringes Kornwachstum vorgegeben werden können. Im industriellen Bereich besteht dann die Aufgabe des Werkstoffwissenschaftlers darin, durch eine systematische Analyse der Einflüsse von *werkstoffexternen* (z. B. Brennbedingungen, Vorverdichtung) und *werkstoffinternen Parametern* (Korngröße des Ausgangspulvers, Dotierung) auf das Werkstoffgefüge einen technisch und ökonomisch optimierten Verfahrensweg zu erstellen. In diesem Fall kann die Wahl der richtigen Brennbedingungen (wie Temperaturprofil und Brennatmosphäre) oder die Anwendung von sogenannten Kornwachstumsinhibitoren bisweilen zum Erfolg führen. Das bedeutet, daß dem jeweiligen System entsprechend Komponenten gesucht werden müssen, die bestimmte Sintermechanismen, die zu einem Kornwachstum führen, unterbinden. Nachdem diese Komponenten zumeist nur in sehr geringer Konzentration und homogen über den gesamten Masseversatz verteilt vorliegen müssen und weiterhin das Ausgangspulver bereits eine sehr kleine Korngröße besitzen soll, bedarf es wiederum geeigneter Pulverherstellverfahren. Diese stehen heute zwar in großer Auswahl zur Verfügung (z. B. chemische Kopräzipitation, Sprühtrocknen, Heißpetroleumtrocknen und viele andere mehr), aber nicht alle führen bei einem bestimmten Pulver zu demselben guten Ergebnis oder lassen sich für eine Massenproduktion einsetzen.

8 Zusammenfassung

Aus der großen Anzahl von Forschungsproblemen der Werkstoffwissenschaften konnten im Rahmen dieses Beitrags nur einige speziell herausgegriffen und auch diese nur relativ oberflächlich angesprochen werden. Es soll aber an dieser Stelle nochmals betont werden, daß die Werkstoffwissenschaften, sowohl bei der Werkstoffentwicklung als auch bei der -analyse, neben den Forschungsproblemen kristallphysikalischer und kristallchemischer Art zusätzlich noch ein übergeordnetes Forschungsproblem verfolgen: Dieses ist die Klärung der Abhängigkeit der Makroeigenschaften beim Übergang vom Einkristall zum polykristallinen, mehrphasigen Werkstoff mit einem Gefüge. Dabei wird der Werkstoffwissenschaftler in zunehmendem Maße ein „Gefügeingenieur" im Bereich der Grundlagenforschung, da ihm gerade über die Möglichkeit einer gezielten Gefügesteuerung ein wichtiges Entwicklungs-Instrument zur Vorgabe definierter Makroeigenschaften seines Werkstoffs zur Verfügung steht. Er darf dabei allerdings seine zweite Aufgabe nicht übersehen, nämlich einem Werkstoff die Gestalt eines Werkstücks über einen industriell realisierbaren Fertigungsprozeß zu geben, damit das Produkt seiner Forschungsarbeit einer sinnvollen Verwendung zugeführt werden kann.

Literatur

[1] Kirk-Othmer: Ferroelectrics. Encyclopedia of Chemical Technology 10 (1980) 1–30

[2] Nemoto, H., Oda, I.: Direct examination of electrical properties of single grain boundaries in $BaTiO_3$ PTC ceramics. Advances in Ceramics 1 (1981) 167–171

[3] Shih-Ming Ho: On the structural chemistra of zirconium oxide. Mat.Sci.Eng. 54 (1982) 23–29

[4] Moghadam, F. K., Stevenson, D. A.: Influence of annealing on the electrical conductivity of polycrystalline ZrO_2 + 8 wt % Y_2O_3. K. Amer. Ceram. Soc. 65 (1982) 213–216

[5] Matsuoka, M.: Progress in research and development of zinc oxide varistors. Advances in Ceramics 1 (1981) 290–308

[6] Driear, J. M. et al.: Effect of dopant valance state on the microstructure of ZnO varistors. Advances in Ceramics 1 (1981) 316–330

[7] Mukae, K., Nagasawa, I.: Effect of praseodymium oxide and donor concentration in the grain boundary region of ZnO varistors. Advances in Ceramics 1 (1981) 167–171

[8] Farrington, G. C., Briant, J. L.: Hydronium Betaseconds Alumina: A fast proton conductor. Mat. Res. Bull. 13 (1978) 763–773

[9] Brunner, D., Tomandl, G.: Ammonium-Tantalat-Wolframat: eine protonenleitende Keramik. Keram. Z. 35 (1983) 521–523

Geowissenschaftliche Hochdruckforschung

von Werner Schreyer, Bochum

Anatomie eines Schwerpunktprogrammes

Der Untertitel dieses Berichtes über ein abgeschlossenes Schwerpunktprogramm (SPP) der Deutschen Forschungsgemeinschaft soll nicht besagen, daß hier eine Leiche der Wissenschaft vorliegt. Das Gegenteil ist wohl richtiger: „Geowissenschaftliche Hochdruckforschung" war eher ein besonders erfolgreicher und stimulierender Schwerpunkt im Bereich der Geowissenschaften, durch den neue Labormethoden unter hohem Druck auf einigen Teilgebieten, speziell in der Geophysik, initiiert wurden.

Der Grund für die „anatomische" Betrachtungsweise ist vielmehr, daß mir als dem ehemaligen Koordinator dieses Schwerpunktprogrammes bei der Vorbereitung des Schlußberichtes, während des Studiums der Akten aus rund 10 Jahren, manche Ereignisse wieder in Erinnerung kamen und manche Entwicklungen bewußt wurden, welche von breiterem Interesse sein könnten, vielleicht sogar von Bedeutung für die Planung und Organisation weiterer Schwerpunktprogramme. Nach meiner Meinung zeigt die Entwicklungsgeschichte des SPP „Geowissenschaftliche Hochdruckforschung" nahezu beispielhaft, daß und wie interdisziplinäre Demokratie innerhalb der Deutschen Forschungsgemeinschaft befruchtend und segensreich auf die Entwicklung der Wissenschaft wirken kann.

Die **Eckdaten des Schwerpunktprogrammes** sind folgende:
Beginn der Förderung: Mitte 1974
Ende der Förderung: Mitte 1979
Förderungssumme: ca. 6,3 Millionen DM
Publikation der wichtigsten Ergebnisse in Buchform: Dezember 1982

Daß Hochdruckforschung gerade im Bereich der Geowissenschaften besonders wichtig ist, braucht bei Vertretern dieser Fachgebiete nicht besonders betont zu werden. Alle **endogenen geologischen Prozesse** spielen sich entweder unter Druck ab, oder sie beginnen unter Druck wie etwa die Eruption von Laven an der Erdoberfläche. Mit erhöhtem Druck sind bei irdischen Prozessen erhöhte Temperaturen untrennbar verknüpft.

Erste wirkliche **Hoch**druck-Hochtemperatur-Experimente mit geowissenschaftlicher Zielsetzung wurden in den USA in den dreißiger Jahren unseres Jahrhunderts durchgeführt. In der Bundesrepublik kam es zu solchen Initiativen erst nach dem zweiten Weltkrieg, in den späten fünfziger Jahren, insbesondere durch Vertreter der Mineralogie und Petrologie. Die Namen Neuhaus (Bonn) und Winkler (Marburg, später Göttingen) sind hier vor allem zu nennen. Als daher 1963 das Schwerpunktprogramm „Unternehmen Erdmantel" als Teil des internationalen „Upper Mantle"-Projektes von der DFG installiert wurde, waren Hochdruckuntersuchungen durch einige, inzwischen an Zahl und experimentellen Möglichkeiten gewachsene Arbeitsgruppen eine wichtige Komponente dieses Programmes.

Das SPP „Erdmantel" lief, für heutige Verhältnisse eher ungewöhnlich, über 10 Jahre bis 1973. Es war klar, daß nach seinem Auslaufen die international in Blüte stehende experimentelle Hochdruckforschung nicht einschlafen durfte, sondern im Gegenteil weiterer Förderung bedurfte. Auf Initiative des Koordinators des SPP „Erdmantel", Professor Mehnert, beschloß daher die DFG-Senatskommission für Geowissenschaftliche Gemeinschaftsforschung, einen neuen Schwerpunkt mit dem speziellen Thema „Hochdruckpetrologie" in die Planung aufzunehmen. Dieser Schwerpunkt sollte besonders sorgfältig vorbereitet werden. Bereits im Jahre 1972 wurden von Professor Mehnert Umfragen an die Hochdruckpetrologen, Geophysiker und Physikochemiker gerichtet, um die einschlägigen Forschungsinteressen zu erkunden und einen Themenkatalog zusammenzustellen. Durch diese Initiative kam eine Diskussion in den Geowissenschaften in Gang, welche letzten Endes zu einer neuen Stoßrichtung in der geowissenschaftlichen Hochdruckforschung der Bundesrepublik führen sollte.

In den frühen siebziger Jahren war geowissenschaftliche Hochdruckforschung in unserem Lande, weitgehend aber auch anderswo, tatsächlich auf **Hochdruckpetrologie** beschränkt. Die Arbeiten bezogen sich fast ausnahmslos auf die Synthese von Mineralen und Gesteinen unter kontrollierten Laborbedingungen von erhöhtem Druck und erhöhter Temperatur. Dabei stand die Frage des **chemischen Gleichgewichtes** für bestimmte

Druck-Temperatur-Bedingungen im Vordergrund, die Frage also, welche Minerale (meist Silikate) oder Mineralkombinationen für bestimmte Tiefen in der Erdkruste oder im Mantel spezifisch sind. Auf diese Weise wurden erste geologische „Barometer" und „Thermometer" entwickelt, aber auch wichtige Einblicke gewonnen in die Vorgänge der Gesteinsmetamorphose und der Entstehung und Kristallisation von Magmen. Unterschiedlich bei dieser petrologischen Hochdruckforschung war lediglich die Philosophie, wie man schnellstmöglich zur richtigen Antwort kommen würde. Während die einen relativ einfache Modellsysteme (aus maximal 4–5 chemischen Komponenten) bearbeiteten und ihre Ergebnisse mit den Gesetzen der chemischen Gleichgewichtslehre vereinbaren konnten, studierten die anderen komplexe, „schmutzige" Systeme, wie sie wirklich in der Natur vorkommen, also z. B. einen Ton oder einen Basalt, wobei sie beträchtliche theoretische Unsicherheiten bezüglich des Gleichgewichtes in Kauf nahmen.

Die Diskussion der Geowissenschaftler über die zukünftige Hochdruckforschung gipfelte in einer Sitzung im Januar 1973 bei der Deutschen Forschungsgemeinschaft, an der zwei Petrologen, zwei Kristallographen, zwei Geophysiker und ein Physikochemiker teilnahmen. Dabei fand sich keine Mehrheit für einen Schwerpunkt, der eine Fortführung der Gleichgewichtsstudien beinhalten sollte. Es wurde vielmehr nach einer neuen Stoßrichtung gesucht, welche eine integrierende Wirkung auf Forscher verschiedener Provenienz haben konnte. Dies traf sich mit dem von nichtgeowissenschaftlicher Seite geäußerten Eindruck, daß bei den bisherigen Hochdruck-Untersuchungen der Petrologen die physikalischen Eigenschaften der Silikatmaterie nicht oder nur ungenügend berücksichtigt wurden. So einigte man sich, daß in dem kommenden Schwerpunkt das **Messen von Eigenschaften** im Vordergrund stehen sollte, und zwar nicht etwa nach Ende des jeweiligen Versuches, also nach dem Abschrecken der Versuchsprodukte auf Raumtemperatur und Normaldruck, sondern vielmehr **unter herrschendem Druck und erhöhter Temperatur.** Es kamen die sogenannten, grammatikalisch leicht verwirrenden **„währenden Bedingungen"** ins Spiel, ein Begriff, der im Laufe des Schwerpunktes zum geflügelten Wort werden sollte.

Die neue Stoßrichtung wurde wie folgt definiert:

„Quantitative Untersuchungen statischer und dynamischer Eigenschaften und Vorgänge unter währenden Bedingungen hoher Drücke an Systemen, die von unmittelbarer geowissenschaftlicher Bedeutung sind."

Den Sitzungsteilnehmern von 1973 war klar, daß solche Daten von besonderer Bedeutung sein würden für das damals gerade angelaufene internationale Forschungsprojekt der „Geodynamik". (*Geodynamics Project, 1972–1980*)

Wegen der neuen Stoßrichtung wurde die Vorbereitungsphase für den Schwerpunkt weiter verlängert. Von der DFG wurden, in enger Abstimmung mit dem inzwischen eingesetzten Koordinator, erneut Briefe an potentielle Interessenten und Teilnehmer aus den Fächern Geophysik, Kristallographie, Petrologie, Physikalische Chemie verschickt, um die geplante wissenschaftliche Zielsetzung vorzustellen. Die Zahl der positiven Antworten war mit rund 30 viel höher als erwartet. Es kündigte sich ein Antragsvolumen für das erste Jahr von rund 4 Millionen DM an. Die von ihren Erfindern auch als eine gewisse Restruktion gedachten „währenden Bedingungen" hatten nicht, oder noch nicht, als solche gewirkt.

Es gab auch negative Antworten, von manchen „grand old men", die von einer deutlichen Verärgerung zeugten. Man wollte sich lieber ungestört der Fortführung der erfolgreichen Phasengleichgewichtsstudien widmen und dafür auch Verantwortung übernehmen, anstatt das Risiko von Mißerfolgen beim Messen „unter währenden Bedingungen" einzugehen. Natürlich stand Antragstellern auf dem Gebiet der Phasengleichgewichte weiterhin der Weg über das Normalverfahren der DFG offen. Die Bundesrepublik hat durch die Beiträge ihrer Forscher auf diesem Gebiet inzwischen Weltgeltung erlangt.

Die auf den DFG-Brief eingegangenen konstruktiven Vorschläge zur Mitarbeit im neuen Schwerpunkt verteilten sich auf die angeschriebenen Fachgebiete wie folgt: Aus der Geophysik kamen sieben positive Antworten mit zehn Themenvorschlägen, aus der Petrologie 16 Antworten mit 32 Themen und aus der Physikalischen Chemie sechs Antworten mit zwölf Themen. Leider war, trotz persönlicher Bemühungen, kein Vorschlag für das Gebiet der Kristallographie eingegangen. Dieses Defizit wurde erst im Verlauf des Schwerpunktes teilweise behoben, unter anderem auch von petrologischer Seite. Die vorgeschlagenen Forschungsprojekte selbst waren fast durchwegs klar auf das jeweilige Fach zugeschnitten, also keinesfalls von vorneherein interdisziplinär. Natürlich lag darin die große Gefahr, daß sich nicht **ein,** sondern drei parallele Schwerpunkte entwickeln würden, ein Schreckgespenst für den Koordinator!

Nach einem weiteren vorbereitenden Rundgespräch im kleinen Kreise, zu dem ein interdisziplinäres Gutachtergremium die eingegangenen Vorschläge vorgeprüft hatte, forderte die DFG im Januar 1974 zur endgültigen Antragstellung auf, und zwar mit strengen „Auflagen" an die Antragsteller:

1. Das Projekt müßte unabdingbar in die beschlossene Thematik des Schwerpunktes fallen, sonst würde der Antrag zurückgegeben.
2. Es wurde eine strenge Selbstprüfung gefordert zu der Frage einer Beteiligung, da die Förderungsmittel nur etwa für ein Viertel der beantragten Projekte ausreichten.
3. Von vornherein wurde eine straffe Koordinierung der Gruppen in Aussicht gestellt. Zur gegenseitigen Information der Antragsteller wurde daher dem Aufforderungsschreiben eine Gesamtübersicht über alle 54 vorgeschlagenen Forschungsprojekte beigegeben.

Die erhoffte Wirkung stellte sich ein. Für das erste Förderungsjahr gingen nur 15 konkrete Anträge ein, die, weil sie thematisch relevant waren, alle wenigstens teilweise bewilligt werden konnten.

In späteren Jahren kamen weitere Anträge hinzu, aber die Zahl der Bewilligungen blieb immer nahe 20. Auch wechselten die Teilnehmer am Schwerpunkt; Arbeitsgruppen kamen und gingen. Manche Projekte aus den ersten Jahren stellten sich später doch als zu schwierig oder undurchführbar heraus, so daß die Bearbeiter auf weitere Antragstellung verzichteten. In dieser Hinsicht erwuchsen dem Koordinator und der ihm zur Seite gestellten Prüfungsgruppe neben der Kontrolle auch wichtige Beratungsfunktionen. Bei Besuchen der einzelnen Arbeitsgruppen wurde nicht selten in gemeinsamen Diskussionen für ein Forschungsprojekt eine neue Variante der Untersuchung oder ein neues, passenderes Untersuchungsobjekt gefunden.

Ich möchte an dieser Stelle erwähnen, daß ich es während meiner Koordinatorentätigkeit als hilfreich empfunden habe, nicht gleichzeitig Antragsteller zu sein. So war ich frei und konnte mir, wenn nötig, auch Kritik leisten, ohne in den Geruch zu kommen, in die eigene Tasche arbeiten zu wollen.

Als besonders wichtig für den Erfolg des Schwerpunkts erwiesen sich die jährlichen Kolloquien aller Teilnehmer, die durchwegs im Hölterhoff-Stift, im heutigen Physik-Zentrum, in Bad Honnef stattfanden. K. Langer, Berlin, früher Bonn, hatte die Vorbereitung übernommen. Schon beim ersten Kolloquium im Oktober 1975, etwa ein Jahr nach der ersten Bewilligung, stellte sich heraus, daß der Wille zur Kooperation zwischen den Vertretern verschiedener Fachgebiete sehr stark war. Das Programm dieser Kolloquien wurde auch nie nach Fachgebieten gegliedert, sondern nach der Art der zu untersuchenden Eigenschaften oder Verhaltensweisen der irdischen Materie. So hießen die Vortragsblöcke bereits 1975:

1. Mechanisches Verhalten
2. Strukturelles Verhalten
3. Optisches Verhalten
4. Elektrisches und thermisches Verhalten

Natürlich wurde das mechanische Verhalten im wesentlichen von Geophysikern studiert, aber auch die Petrologie lieferte wichtige Beiträge. Und das strukturelle Verhalten wurde nicht nur der Kristallographie überlassen, sondern Physikochemiker und Petrologen hatten auch einschlägige Projekte entwickelt. Es war wohl das erste Mal in unserem Lande, daß sich Forscher verschiedener Provenienz in dieser Weise zu gemeinsamen geowissenschaftlichen Forschungszielen zusammenfanden.

Die Diskussionen auf solchen Kolloquien waren zwar hart in der Sache, aber außerordentlich fruchtbar. Besonders Geophysik und Petrologie hatten (und haben!) viel voneinander zu lernen. Eine genaue chemische und mineralogische Charakterisierung von Gesteinsproben in allen Phasen ihrer Messung „unter währenden Bedingungen" stellte sich als unabdingbar heraus. Die wechselseitige Beratung und Kooperation wurde zur Voraussetzung für eine sinnvolle Deutung der Meßergebnisse.

Aus den Kolloquiumsdiskussionen heraus formierten sich kleine Arbeitsgruppen, die sich wiederum bestimmten Eigenschaften widmeten, so z. B. „die Elektriker" oder ein Kreis, der sich die Herstellung eines „synthetischen Gesteins" durch Heißpressen einzelner Mineralkörner zum Ziel setzte.

Zur Krönung aller Veranstaltungen des Schwerpunktes wurde das Abschlußkolloquium im Oktober 1980, bei dem die Teilnehmer ihre „fast" druckreifen Ergebnisse in englischer Sprache vortrugen. Mehr noch: Zu jedem Themenbereich gab es einen ausländischen Redner, der nach der Art eines „review papers" über den jeweiligen Stand der internationalen Forschung, „on the state of the art", berichtete. Ein vorbereitendes Komitee war bemüht gewesen, hervorragende Fachleute zu gewinnen und doch die Einladungen über möglichst viele verschiedene Länder zu streuen. Die insgesamt sieben Gastredner waren schließlich doch sämtlich aus den USA, in vieler Beziehung ein symptomatisches Ergebnis. Alle trugen sie ausgezeichnete Artikel zu dem ebenfalls in englischer Sprache publizierten Abschlußband des Schwerpunktes bei. Es handelt sich um folgende Herren:

Burns, R. G. (Cambridge, Mass.), Duba, A. (Livermore, Ca.), Eugster, H. P. (Baltimore, Md.), Hazen, R. M. (Washington, D. C.), Kleppa, O. J. (Chicago, Ill.), Lieberman, R. C. (Stony Brook, N. Y.) und Nur, A. (Stanford, Ca.).

Die letzte und vielleicht wichtigste Aufgabe für die Schwerpunktsteilnehmer war die Publikation der erzielten Ergebnisse. Sie erfolgte in Buchform bei E. Schweizerbart, Stuttgart, im Dezember 1982 unter dem Titel

High-Pressure Researches in Geoscience.
Behaviour and Properties of Earth Materials at High Pressures and Temperatures.

Ein Herausgeberkollegium bestehend aus den Herren Chatterjee (Bochum), Langer (Berlin), Rosenhauer (Frankfurt), Rummel (Bochum), Schult (München) und dem Koordinator hatte dafür gesorgt, daß alle Manuskripte, auch die der ausländischen Gäste, vor der Drucklegung einem strikten Review-Verfahren unterworfen wurden. Das hier wiedergegebene Inhaltsverzeichnis vermittelt eine Übersicht über die von deutschen Forschergruppen im Schwerpunkt „Geowissenschaftliche Hochdruckforschung" erfolgreich abgeschlossenen Forschungsprojekte:

Preface

Section I: Elasticity
R. C. Liebermann (Stony Brook, N. Y.): Elasticity of Minerals at High Pressure and Temperature
H. Kern (Kiel): P- and S-Wave Velocities in Crustal and Mantle Rocks under the Simultaneous Action of High Confining Pressure and High Temperature and the Effect of the Rock Microstructure
H. Burckhardt (Berlin), F. Keller (Clausthal) & J. Sommer (Hannover): Compressional and Shear Wave Velocities in Metamorphic Rocks under High Pressures and Temperatures
A. Nur (Stanford, Ca.): Processes in Rocks with Fluids at Elevated Pressure and Temperature

Section II: Fracture and Flow
H. Spetzler (Boulder, Col.), H. Mizutani (Nagoya) & F. Rummel (Bochum): A Model for Time-Dependent Rock Failure
H.-J. Alheid (Bochum): Friction Processes on Shear Surfaces in Granite at High Pressure and Temperature
F. Rummel & C. Frohn (Bochum): Variation of Ultrasonic Velocity in Granite and Serpentinite during Dilatant Fracture under General Triaxial Compression
H. Berckhemer, W. Kampfmann & E. Aulbach (Frankfurt/Main): Anelasticity and Elasticity of Mantle Rocks Near Partial Melting
Ch. Henning-Michaeli & H. Siemes (Aachen): Experimental Deformation of Hematite Crystals Between 25 °C and 400 °C at 400 MPa Confining Pressure

Section III: Structural Behaviour

R. M. Hazen & L. W. Finger (Washington, D. C.): High-Temperature and High-Pressure Crystal Chemistry

G. Will, E. Hinze & W. Nuding (Bonn): Energy-Dispersive X-ray Diffraction Applied to the Study of Minerals under Pressure up to 200 kbar

M. Rosenhauer, H. Büttner & K. v. Gehlen (Frankfurt/Main): Powder X-ray Camera of Guinier Geometry for Temperatures to 1200 °C and Pressures to 1000 bar

M. Rosenhauer, H. Büttner & K. v. Gehlen (Frankfurt/Main): Single-Crystal X-ray Camera of Weissenberg Geometry for Temperatures to 1200 °C and Pressures to 200 bar

R. Martens, M. Rosenhauer & K. v. Gehlen (Frankfurt/Main): Compressibilities of Carbonates

Section IV: Spectral and Thermal Phenomena

R. G. Burns (Cambridge, Mass.): Electronic Spectra of Minerals at High Pressures: How the Mantle Excites Electrons

K. R. Frentrup (Bonn) & K. Langer (Berlin): Microscope Absorption Spectrometry of Silicate Microcrystals in the Range 40,000–5,000 cm^{-1} and its Application to Garnet End Members Synthesized at High Pressure

G. Smith & K. Langer (Berlin): High Pressure Spectra of Olivines in the Range 40,000–11,000 cm^{-1}

G. Amthauer (Marburg): High Pressure ^{57}Fe Mössbauer Studies on Minerals

P. Dietrich & J. Arndt (Tübingen): Effects of Pressure and Temperature on the Physical Behavior of Mantle-Relevant Olivine, Orthopyroxene and Garnet: I. Compressibility, Thermal Properties and Macroscopic Grüneisen Parameters; II. Infrared Absorption and Microscopic Grüneisen Parameters

E. Salje & Ch. Werneke (Hannover): How to Determine Phase Stabilities from Lattice Vibrations

G. H. Schärmeli (München): Anisotropy of Olivine Thermal Conductivity at 2.5 GPa and up to 1500 K Measured on Optically Non-Thick Samples

Section V: Electrical Conductivity

A. Duba (Livermore, Ca.): Limits to Electrical Conductivity Measurements of Silicates

G. Will, E. Hinze, K.-F. Seifert, L. Cemič, E. Jansen & A. Kirfel (Bonn): A Device for Electrical Conductivity Measurements on Mantle Relevant Minerals at High Pressures and Temperatures under Defined Thermodynamic Conditions

E. Hinze, G. Will, L. Cemič & M. Manko (Bonn): Electrical Conductivity Measurements on Synthetic Olivines at High Pressures and Temperatures under Defined Thermodynamic Conditions

V. Haak (Berlin): A Comparison of the Electrical Conductivity of Natural Mono- and Polycrystalline Olivines – a Case to Decide

K. F. Seifert, G. Will & R. Voigt (Bonn): Electrical Conductivity Measurements on Synthetic Pyroxenes $MgSiO_3$-$FeSiO_3$ at High Pressures and Temperatures under Defined Thermodynamic Conditions

M. Hock (München): Pressure, Temperature, and Time Dependence of Electrical Conductivity of Basalts from Iceland

U. Hornemann (Weil/Rhein) & S. Schulien (Münster): Electrical Conductivity Measurement of Natural and Synthetic Olivine under Shock Compression

Section VI: Thermodynamics and Equilibria
O. J. Kleppa (Chicago, Ill.): Thermochemistry in Mineralogy
H. Halbach & N. D. Chatterjee (Bochum): The Use of Linear Parametric Programming for Determining Internally Consistent Thermodynamic Data for Minerals
D. Ziegenbein & W. Johannes (Hannover): Activities of CO_2 in Supercritical CO_2-H_2O Mixtures, Derived from High-Pressure Mineral Equilibrium Data
H. P. Eugster (Baltimore, Md.): Rock-Fluid Equilibrium Systems
E. Woermann, B. Stier (Aachen) & M. Rosenhauer (Frankfurt/Main): The Oxygen Membrane Cell – A Device for Controlling the Oxygen Fugacity in Water-free High Pressure Systems
B. Simons (Kiel) & E. Woermann (Aachen): Pyroxene-Pyroxenoid Transformations under High Pressure
Table of Units, Conversions and Constants
Subject Index

Nach bewährter, auf den Schwerpunktskolloquien erprobter Manier wird also auch in unserem Buch der sehr vielfältige Stoff nicht nach den wissenschaftlichen Teildisziplinen gegliedert, sondern nach den studierten Eigenschaften der irdischen Materie.

Mechanische Eigenschaften wie **Elastizität** oder **Bruch- und Fließverhalten** stehen im Vordergrund, weil sie in erster Linie verantwortlich sind für die dynamischen Vorgänge, welche die Lithosphärenplatten bewegen, Erdbeben erzeugen sowie zu Scherzonen und anderen Arten von Gesteinsdeformationen im Inneren der festen Platten führen. Die Messung von Geschwindigkeiten seismischer Wellen als Funktion von Mineralbestand und Gefüge der Gesteine und von ihren jeweiligen physikalischen Umweltbedingungen ist von großer Bedeutung für die Erklärung der wirklichen Natur der geophysikalisch beobachteten Geschwindigkeitsinversionen *(low-velocity channels)* in der Erdkruste.

Noch grundlegendere Kenntnisse über das **strukturelle Verhalten** irdischer Materie gewinnt man durch Messungen an geo-relevanten einphasigen kristallinen Substanzen, also an Mineralen, unter erhöhten Drucken und Temperaturen. Trotz der beträchtlichen chemischen und kristallographischen Komplexitäten scheint ihr strukturelles Hochdruckverhalten von einfachen geometrischen und auf möglichst engsphärigen Ladungsausgleich zwischen Kationen und Anionen abzielenden Beziehungen beherrscht zu sein.

Die **optischen, thermischen** und **spektralen Eigenschaften** von Mineralen, wie sie in Abschnitt IV des Buches angesprochen wurden, tragen zur

Lösung recht verschiedenartiger geowissenschaftlicher Problemstellungen bei, wie die Wärmeübertragung im Erdmantel, der Oxidationszustand und die Elektronenkonfiguration von Eisen in Silikaten unter hohem Druck, oder die interessante Möglichkeit der Ableitung von Druck-Temperatur-Stabilitätsdaten von Mineralen aus ihren Kristallfeldstabilisierungsenergien und Gitterschwingungen, welche ihrerseits aus den Spektren erschlossen werden können.

Was die **elektrische Leitfähigkeit** angeht, so konnte diese Eigenschaft an chemisch wohl definierten, einzelnen Mineralen des Erdmantels reproduzierbar als Funktion von variabler Sauerstoff-Fugazität gemessen werden. Dennoch bleiben Unsicherheiten über die stoffliche und thermische Ausdeutung des Erdmantels auf der Grundlage einschlägiger geophysikalischer Meßgrößen.

Im letzten Abschnitt des Buches wurden verschiedene Möglichkeiten zusammengefaßt, **Gleichgewichtsdaten** über Mineral- sowie Mineral-Fluid-Systeme abzuleiten, und zwar sowohl durch experimentelle wie auch speziell durch darauf basierende theoretische, also **thermodynamische** Methoden. Bis vor kurzem war die Bedeutung der Teilnahme von Fluidphasen an den Vorgängen der Gesteinsbildung stark unterschätzt worden. Daher fehlt es immer noch an guten Hochdruck-Hochtemperatur-Daten über Minerallöslichkeiten und Fraktionierungseffekte zwischen Festkörpern und Gas, welche nötig wären, um Stofftransporte und Metasomatosen bei der Gesteinsbildung und -umbildung zu quantifizieren. Es liegt auf der Hand, daß solche Hochdruckuntersuchungen besonders in der Erzlagerstättenkunde zu neuen genetischen Konzepten, und damit auch zu neuen Möglichkeiten der gezielten Erzexploration führen können.

Außer in dieser Gemeinschaftsleistung des Abschlußbandes wurde über die Arbeit des Schwerpunktes mehrfach vom Koordinator berichtet:

Wie funktioniert der „Erd-Motor"? Über ein Schwerpunktprogramm der DFG. Umschau 78 (1978) 252–254.

High Pressure Research Relevant to Geodynamics. in H. Closs et al. (Eds.): „Mobile Earth" International Geodynamics Project. Final Report of the F.R.G. H. Boldt Verlag, Boppard (1980) 254–265.

High Pressure Research Relevant to Geodynamics. Terra Cognita 1 (1981) 119–127.

Die Dynamik des Erdinneren unter Laborbedingungen. Geowissenschaftliche Hochdruckforschung, Mitt. der DFG 4 (1982) 29–30.

Dazu kommt natürlich eine Vielzahl von hier nicht zu zitierenden Spezialarbeiten der Einzelforscher und Gruppen.

Auch dieser letzte Bericht über den Schwerpunkt „Geowissenschaftliche Hochdruckforschung" soll nicht schließen ohne den Dank aller seiner Teilnehmer an die Deutsche Forschungsgemeinschaft. Damit ist die Hoffnung verbunden, daß die durch den Schwerpunkt initiierte neue Art der Hochdruckforschung nicht mit seinem Auslaufen zu Ende gekommen ist, daß vielmehr die tragenden Kräfte, die entwickelt wurden, stark genug sind, um diese zukunftsträchtigen Laboruntersuchungen auch wenigstens ohne den **organisatorischen** Rahmen der DFG erfolgreich weiter zu betreiben.

Schwerefeld, Plattenbewegungen, Mantelkonvektion

von Wolfgang R. Jacoby, Mainz

1 Einleitung: Die Situation

Die heutige Situation der Erforschung der „Plattenkinematik und Schwerefeldstruktur" ist durch einen enormen Zuwachs an geodätischen und geophysikalischen Daten und an Möglichkeiten ihrer digitalen Speicherung und Verarbeitung gekennzeichnet. Hier besonders wichtig ist die hochgenaue Erfassung des Geopotentials mittels Satelliten, die digitale Erfassung der Topographie und Bathymetrie, der Krusten- und Mantelstruktur aufgrund geophysikalischer – hauptsächlich seismologischer – Untersuchungen, des Wärmeflusses und des Meeresbodenalters aufgrund direkter und indirekter Datierung. „Spreading"-Raten (aufgrund magnetischer Anomalien), Richtungen von Transformstörungen und Verschiebungsvektoren von Interplattenbeben haben ferner ein recht zuverlässiges System relativer Plattenbewegungen (Winkelgeschwindigkeiten), gemittelt über die letzten ~3 Ma, ergeben (Minster & Jordan, 1978). Obwohl ein absolutes Koordinatensystem fehlt, erlauben die „Hotspots" mit ihren „Spuren", d.h. Ketten erloschener Vulkane, ein platten-externes System („average hotspot frame of reference") zu definieren, das manchmal als „absolutes" bezeichnet wird (Minster & Jordan, 1978). Die „Hotspots" bewegen sich jedoch langsam gegeneinander (z. B. Molnar & Atwater, 1973). Diese kurze Situationsbeschreibung wäre unvollständig ohne die Erwähnung der geochemischen Daten, die neuerdings zunehmend Information über Mantelkonvektion liefern (z. B. Hofmann & White, 1982).

Aufgrund thermodynamischer Überlegungen und der genannten Daten ist an der Existenz von Mantelkonvektion nicht zu zweifeln. Unklarheit dagegen herrscht über die Form und zeitliche Entwicklung sowie über die dynamische Rolle der Lithosphärenplatten. Ursachen der Unklarheit sind z. B. die potentialtheoretische Vieldeutigkeit der Inversion des Geopotentials, die hohe hydrodynamische Instabilität (Rayleigh-Zahl ≫ kritische Rayleigh-Zahl) und die Zeitabhängigkeit der Randbedingungen. Mit thermischer Konvektion treten laterale Temperatur- und Druckvariationen auf, welche die Materialeigenschaften beeinflussen, z. B. die Dichte ρ:

$$\partial \rho = - \alpha \rho \partial T \tag{1}$$

und (aus dem Kräftegleichgewicht am Massenelement, bezogen aufs Volumen):

$$\underline{g} \times \underline{\nabla}\rho = \eta \nabla^2 (\underline{\nabla} \times \underline{u}) \text{ oder } \alpha \underline{\nabla} T \times \underline{g} = \nu \nabla^2 \underline{\omega} \tag{2}$$

(α = thermische Expansivität; $\underline{g}$ = Schwerevektor; $\underline{u}$ = Geschwindigkeits-Vektorfeld; $\underline{\omega}$ = Vortizitätsfeld; $\overline{\nabla \rho}, \overline{\nabla T}$ = Dichte-, Temperaturgradient; η, ν = dynamische, kinematische Viskosität). Gl. (2) drückt den plausiblen Sachverhalt aus, daß es die horizontale Komponente des Dichtegradienten ist, die das Strömungsfeld $\underline{u}$ - wie bekanntlich auch die Potential- bzw. Schwerestörungen - erzeugt. Das Potential wird außerdem durch die Deformation von Dichtegrenzflächen gestört, d. h. Abweichungen z. B. der Oberfläche, Kern-Mantel-Grenze etc. von Äquipotentialflächen. Die Deformationen sind Folge des durch die Strömung gestörten, d. h. dynamischen Druckes. Für kleine Störungen $\xi(x)$ der freien Oberfläche z. B. gilt:

$$\xi(x) = \frac{P_o(x)}{\rho g} \bigg|_{z=o} = -\frac{\tilde{P}(x, z=o)}{\rho g} + \frac{2\nu}{g} \frac{\partial w}{\partial z} \tag{3}$$

(aus $\sigma_{zz} = 2\eta \frac{\partial w}{\partial z} = o$ und $\sigma_{zz} = P_o + \tilde{P}$ mit $P_o, \tilde{P}$ = hydrostatischer, dynamischer Druck; σ_{zz} = Normalspannung, vertikal; w = Vertikalkomponente der Geschwindigkeit. Zur Berechnung von $\xi(x)$ siehe z. B. McKenzie et al., 1974; McKenzie, 1977; Jarvis & Peltier, 1982).

Das Störpotential enthält also Informationen über die Mantelkonvektion; eine direkte Inversion ist aber nicht möglich. Das Ziel kann nur schrittweise erreicht werden, vor allem durch Zerlegung des Problems in lösbare und möglichst unabhängige Teilprobleme. Ein wichtiges Hilfsmittel ist die Lösung des „Vorwärtsproblems" für möglichst viele Konvektionsmodelle mit verschiedenen Annahmen (Randbedingungen, Verteilungen von Rheologie, Wärmequellen, Konduktivität, Chemismus, Phasenbeziehungen, etc.) und Berechnung der zu erwartenden Variationen des Potentials und anderer Beobachtungsgrößen. Ein weiteres Hilfsmittel ist die Datenanalyse, d.h. das empirische Auffinden diagnostischer Beziehungen zwischen den Beobachtungsgrößen, welche den Bereich möglicher Modelle einschränken. Außerdem ist es nützlich, das mathematische Inversionsproblem, insbesondere den Raum der Massenverteilungen, die das Potential an der Oberfläche **nicht** stören (den „Nullraum"), und seine geophysikalische Einschränkbarkeit zu untersuchen.

2 Das Geopotential

Zunächst ein Blick auf das Geopotential W in der Form der GRIM 3-Lösung (Reigber et al., 1983), bezogen auf das best-angepaßte oder „geometrische" (Abb. 1) und das hydrostatische Ellipsoid (Abb. 2). Wie üblich wird $\partial W = W-W_o$ durch die Geoidundulationen $\partial h = -\partial W/g_o$ dargestellt, wobei W_o sich auf das Bezugsellipsoid bezieht. Gegenüber der Freiluft-Schwereanomalie – $\partial(W-W_o)/\partial r$ treten hier die uns vor allem interessierenden langen Wellenlängen stärker hervor. Die Abbildungen zeigen das Geoid mit verschiedenen Symbolen für 5°x 5°-Mittelwerte, die aus der Kugelfunktionsentwicklung GRIM 3 berechnet wurden.

Es fallen zwei bedeutende Geoid-Hochs auf. Eines begleitet kräftige Subduktion im westlichen, aber auch östlichen Pazifik. Das andere erstreckt sich vom Nordatlantik (Island) über Afrika/Atlantik zum Südindik (Kerguelen-Plateau) und ist bis in Details der Konfiguration Pangäas vor 200 Ma ähnlich (s. auch Abb. 6). Das „Subduktions-Hoch" ist in beiden Abbildungen ähnlich. Das „Pangäa-Hoch" hat beim „geometrischen" Geoid (Abb. 1) Hantelform, beim „hydrostatischen" ist es kompakt mit einem Maximum am Äquator. Tiefs liegen – beim „geometrischen" Geoid deutlicher – im Mittelpazifik und entlang einem Gürtel, der die pazifischen Randhochs umgibt. Ebenso gut – und zwar deutlicher beim „hydrostatischen" Geoid – kann man von einem erdumspannenden Tief-Gürtel sprechen, der sich über die Pole, Indien und Nordamerika legt. Auf die verschiedenen Interpretationen der Geoidstrukturen kommen wir vor allem in Kap. 5 nochmals zurück.

3 Schwerefeld über stationären Konvektionszellen

Obwohl Stationarität von Konvektionszellen (dazu in ebener, meist zweidimensionaler Geometrie) unrealistisch ist, geben die entsprechenden

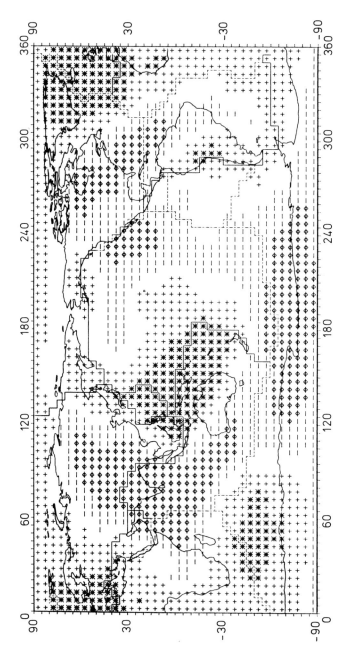

Abb. 1: GRIM 3 - Geoidundulationen (Reigber et al., 1983); bestangepaßtes bzw. "geometrisches" Referenzsphäroid (f = 1/298.257). Dargestellt sind Punktwerte auf einem 5° x 5°- Gitter in den Bereichen außerhalb und zwischen den Grenzen −32, −7, +7, +32 m, folgendermaßen:

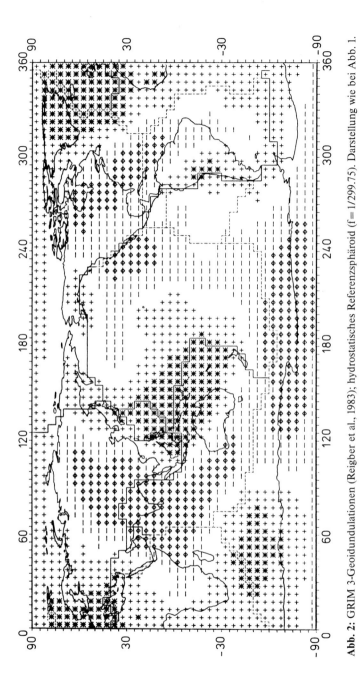

Abb. 2: GRIM 3-Geoidundulationen (Reigber et al., 1983); hydrostatisches Referenzsphäroid (f = 1/299.75). Darstellung wie bei Abb. 1.

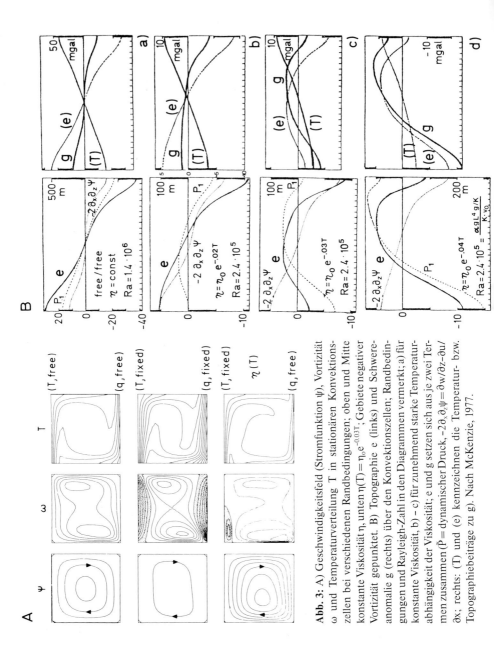

Abb. 3: A) Geschwindigkeitsfeld (Stromfunktion ψ), Vortizität ω und Temperaturverteilung T in stationären Konvektionszellen bei verschiedenen Randbedingungen; oben und Mitte konstante Viskosität η, unten $\eta(T) = \eta_0 e^{-0.03T}$; Gebiete negativer Vortizität gepunktet. B) Topographie e (links) und Schwereanomalie g (rechts) über den Konvektionszellen; Randbedingungen und Rayleigh-Zahl in den Diagrammen vermerkt; a) für konstante Viskosität, b) - c) für zunehmend starke Temperaturabhängigkeit der Viskosität; e und g setzen sich aus je zwei Termen zusammen ($\tilde{P} =$ dynamischer Druck, $-2\partial_x\partial_z\psi = \partial w/\partial z - \partial u/\partial x$; rechts: (T) und (e) kennzeichnen die Temperatur- bzw. Topographiebeiträge zu g). Nach McKenzie, 1977.

Modelle doch wichtige Hinweise auf die zu erwartenden Störsignale im Schwerefeld. Hier nur einige Ergebnisse als Basis der Diskussion Geodäsie-Geophysik.

Aufgrund früher Satellitenlösungen des globalen Schwerefeldes (Iszak, 1963) schlug Runcorn (1964) mantelweite Konvektion als Ursache der Anomalien vor (schon von Wegener 1929 diskutiert, von Jeffreys 1962 aber mit elastischen Deformationen erklärt). Runcorn nahm undeformierbare obere und untere Grenzen der konvektierenden Schicht an; in diesem Falle befinden sich über dem heißen Aufstrom ($\partial\rho < 0$) negative Schwereanomalien, über dem kalten Abstrom ($\partial\rho > 0$) positive. Eine solche eindeutige Beziehung zwischen Schwereanomalien und ozeanischen Schwellen und Tiefseerinnen ist jedoch nicht evident (außer dem Schwerehoch im Bereich des westlichen Pazifik), und eine direkte Umkehrung der Schlußfolgerung (Schwereanomalie → Richtung der Strömung) ist nicht erlaubt.

Die Zuordnung von Schwereanomalien zur vertikalen Strömungsrichtung und Temperaturanomalie kann sich im Vorzeichen umkehren, wenn die Grenzflächen der konvektierenden Schicht (insbesondere die Oberfläche) deformierbar sind (McKenzie et al., 1974; DeBremaecker, 1976; McKenzie, 1977). Das liegt vor allem daran, daß über dem Auf(Ab)-strom die Oberfläche hinauf (hinab) gewölbt wird und der Effekt dieser Topographie den der inneren Dichtevariationen übertrifft (McKenzie, 1977 - Abb. 3a). Der Effekt wird durch Deformationen der unteren Begrenzung noch verstärkt, vor allem für die großen Wellenlängen.

Bei temperatur-abhängiger Rheologie, insbesondere wenn „Platten" die Konvektionszellen begrenzen, können sowohl über den Ab- wie den Aufstromgebieten Schwereminima auftreten (McKenzie, 1977; Abb. 3b-d). In diesem Falle driften die Platten an der Naht für das Nachströmen zu schnell auseinander, und es gibt dort ein Massen- und Potentialdefizit. Die Lithosphäre behindert aber durch ihre elastische Biegesteifigkeit auch die Deformierbarkeit der Oberfläche. Für lange Wellen ist der Effekt jedoch vernachlässigbar. Andererseits wird das Problem dadurch modifiziert, daß die thermische Wirkung auf die Lithosphärendicke auch das Potential beeinflußt.

Stabilitätsbetrachtungen des nicht-linearen Konvektionsproblems in unten oder innen geheizten sphärischen Schalen führen auf eine Präferenz von Strömungen der Kugelfunktionsdarstellung vom Grade $l = 2$ mit „polarem" Aufstrom (Busse, 1983; Abb. 4). Wegen des Massenüberschusses über dem Aufstrom (s. oben) stellt sich die Erdachse so ein, daß die „Aufstrompole" nahe dem Erdäquator zu liegen kommen und das größte Hauptträgheitsmoment axial wird. Das könnte erklären, warum die Erdab-

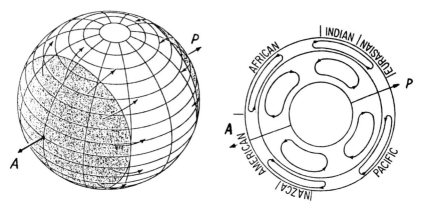

Abb. 4: Stabilste stationäre Konvektion im Mantel nach $l = 2$-Muster (links) und Interpretation mit Zwei-Schichtenkonvektion (rechts) nach Busse (1983).

plattung etwas größer als hydrostatisch ist (wie aus Dichteschichtung und Rotation gefordert). Tatsächlich ergibt sich die verstärkte Abplattung ja aus der Anpassung der Kugelfunktionen an die Geoidhochs des westlichen Pazifik und Afrikas (Abb. 2; s. Kap. 2). Bei der Deutung des Geoids ist allerdings zu bedenken, daß auch andere Mechanismen die beiden Hochs und den Gürtel vom Tiefs erklären können (Jacoby & Anderson, 1984).

Die bisher genannten Modelle sind in hohem Maße idealisiert. Als Beispiel einer detaillierteren Simulation von Mantelkonvektion sei das Modell mit beweglicher ozeanischer und stagnierender kontinentaler Lithosphäre sowie mit tiefen- bzw. temperaturabhängiger Viskosität von U. Christensen (1982, 1983) angeführt (Abb. 5). Berechnete Topographie und Schwereanomalie sind beobachteten Profilen recht ähnlich. Trotzdem darf man die Schlußfolgerung nicht einfach umkehren, zumal auch diese Simulationen idealisiert sind, jedoch demonstrieren die Ergebnisse, daß sie immerhin akzeptabel sind. Die Topographie wurde hier nicht mittels Gl. (3) sondern mit einem isostatischen Ansatz berechnet.

Die vorgestellten Modelle stellen keine vollständige Liste dar, sie sind nur als Beispiele für „Vorwärtslösungen" gedacht. Für viele Modelle liegen Berechnungen von Topographie und Schwereanomalien nicht vor. Ein Überblick über das Spektrum der diskutierten Vorstellungen über Form und Art der Mantelkonvektion wird am Schluß gegeben.

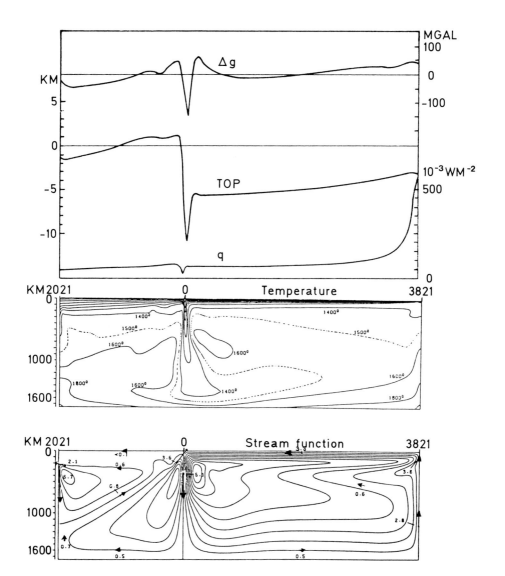

Abb. 5: Gekoppeltes subkontinentales und ozeanisches Konvektionsmodell nach Christensen (1983). Von oben nach unten: Schwerestörung δg, Topographie TOP, Wärmefluß q, Temperaturverteilung T und Strömungsfeld ψ.

4 Schwerefeld und Plattenstruktur

Der These, das Schwerefeld spiegele Mantelkonvektion wieder, kann man die These gegenüberstellen, daß die Plattenstruktur (Abkühlung, Verdichtung, Verdickung, Abtauchen, Kontinent-Ozean-Unterschiede etc.) hauptsächlich das Schwerefeld bestimme. Das widerspricht natürlich nicht der Konvektion, deren Ausdruck die sich bewegenden Platten sind. Die Gegenthese sagt nur aus, daß die Platten die tieferen Dichtevariationen verdecken könnten.

Funktonale Beziehungen zwischen dem Alter ozeanischer Lithosphäre und der Geoidhöhe, der Freiluftanomalie, der Bathymetrie, des Wärmeflusses etc. sind empirisch gesichert (z. B. Sandwell & Schubert, 1980; Jacoby & Seidler, 1981; Seidler et al., 1983; 1984; Lambeck, 1972; Cochran & Talwani, 1978; Parsons & Sclater, 1977) und stehen in Einklang mit dem Modell der sich abkühlenden Lithosphäre. Die Frage der Wechselwirkung mit tieferen konvektionsbedingten Dichteanomalien ist aber im Grund noch nicht geklärt und muß aufgrund der neuen Schweredaten neu aufgeworfen werden. Das beinhaltet auch die Trennung von Feldern nach potentiell verschiedenen Quellen, eine nicht eindeutig lösbare Aufgabe. Ein Charakteristikum der empirischen Abhängigkeit der Meerestiefe d vom Alter t ist, daß sie ab ≤ 70 Ma vom $\sqrt{t}$ – Gesetz abweicht, d. h. d wächst langsamer. Ursache könnten eine oder mehrere der folgenden sein: (1) Dissipation; (2) innere Heizung (z. B. Jarvis & Peltier, 1982); (3) kleinräumige Konvektion unterhalb der Lithosphäre (z. B. Richter, 1973); (4) der den Rückstrom treibende Druckgradient (z. B. Schubert & Turcotte, 1972; Jacoby, 1978).

Geoid- und Schwerehochs begleiten die Gebiete aktiver Subduktion ozeanischer Lithosphäre (Jacoby & Seidler, 1981; Seidler et al., 1983). Das Gebiet von Neuguinea, wo ~40% der gesamten Plattenkonvergenz stattfinden, hat die am stärksten positive Geoidstörung (Abb. 1, 2). Zeitlich klingen solche Störungen aber schnell ab (≤ 10 Ma; Seidler et al., 1984). Teilerklärungen sind der Dichtekontrast der abtauchenden Platte (Griggs, 1972) und die elastisch oder viskos bei der Plattenbiegung erzeugte nicht-isostatische Topographie (DeBremaecker, 1977). Diese Erklärungen reichen auch zusammengenommen nicht aus, da die Anomalien „zu breit" sind, und es liegt wohl auch der Effekt eines Staues in der subduktionserzeugten Strömung vor (Hager, 1984; Ricard et al., 1984; Lago & Rabinovicz, 1984; Rabinovicz & Lago, 1984). Das erfordert – im Gegensatz zu populären Vorstellungen – eine Zunahme der Viskosität mit der Tiefe unterhalb der Asthenosphäre.

Großräumige Schwereeffekte unterschiedlicher – kontinentaler und ozeanischer – Lithosphäre sind nicht evident. Anomalien an Kontinentalrändern sind kurzwellig. Der isostatische Ausgleich zwischen beiden Lithosphärentypen schränkt die möglichen Dichtemodelle ein (Jacoby, 1973a).

5 Zeitabhängige Konvektion

Die Gegenthese zu den stationären, bzw. quasistationären Konvektionszellen (für die die meisten Berechnungen von Potentialstörungen vorliegen) ist zeitabhängige oder instationäre Konvektion, bei der die Konfiguration des Strömungsfeldes sich unter Umständen mit derselben Geschwindigkeit ändert, mit der die Partikel strömen. Ursachen für die Zeitabhängigkeit sind (1) die zeitlich veränderlichen Randbedingungen, d. h. die driftenden Platten mit relativ zueinander migrierenden Grenzen und damit verbundenen thermischen und mechanischen Heterogenitäten; vereinfachend könnte man sagen, die Konvektionsströme seien durch die Platten gesteuert, da diese auch die dynamisch wichtigsten Dichtekontraste beinhalten (Jacoby, 1973b, 1976). (2) Die hohe hydrodynamische Instabilität (große Rayleigh-Zahl) führt zu Instationarität oder Turbulenz in dem Sinne, daß die Strömungsform nicht in weite Zukunft vorhergesagt werden kann, wie Laborexperimente, Theorie und numerische Lösungen zeigen. Tozer (1973) plädiert daher dafür, sich eher mit dem „konvektiven Klima" statt dem „Wetter" zu befassen.

Es liegen für zeitabhängige Konvektion bisher kaum Berechnungen von Potential- und Topographiestörungen vor. Man ist versucht, die Ergebnisse für stationäre Modelle auf die nicht-stationären zu übertragen (z. B. bei Subduktion: Hager & O'Connell, 1979; Hager, 1984; Lago & Rabinovicz, 1984; Rabinovicz & Lago, 1984). Andererseits zeigt das Geoid neben den Hochs bei Subduktion auch positive Werte, wo Pangäa vor 200 Ma lag und von wo aus es desintegriert (Abb. 1, 2, 6; s. auch Seidler et al., 1983, 1984). Es geht also um die großräumige ($l = 2$) Verteilung und die damit verbundenen Strömungen, die eine Zeitkonstante >100 Ma haben müssen. Ob ihre Form primär durch die Hydrodynamik in sphärischen Schalen bedingt ist (Busse, 1983) oder durch zeigabhängige Randbedingungen (Verteilung

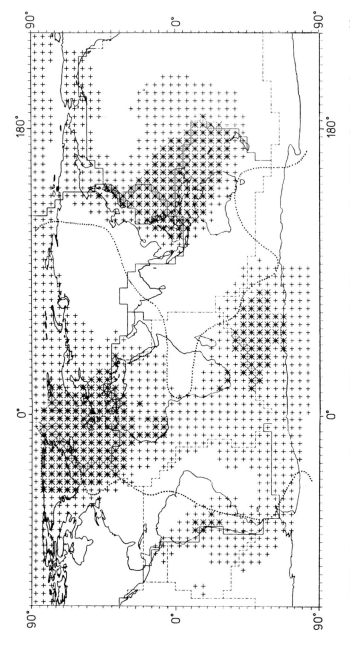

Abb. 6: GRIM 3-Geoidundulationen (Reigber et al., 1983); bestangepaßtes Referenzsphäroid (f=1/298.257). Gezeigt werden nur positive Punktwerte (+ bzw. ✱ für <30 bzw. >30 m) auf 5° x 5° Gitter. Gepunktet: ungefähre Grenzen von Pangäa vor ~ 200 Ma.

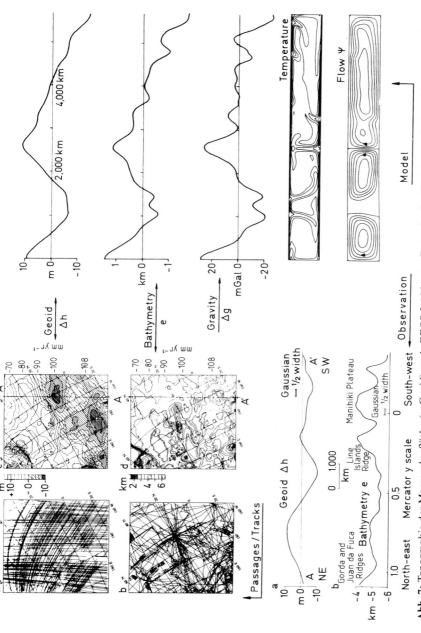

Abb. 7: Topographie der Meeresoberfläche (≈ Geoid) nach GEOS 3-Altimeter-Daten im Pazifik (oben rechts) und benutzte Altimeterpassagen (oben links); Bathymetrie desselben Gebietes (Mitte rechts) und benutzte Schiffsprofile (Mitte links); Profile AA' von Geoid und Bathymetrie (unten). Rechts davon: Theoretisch berechnetes Profil von Geoid Δh, Bathymetrie e, Schwerestörung Δg, Temperaturverteilung T, Strömung ψ für zweidimensionales Konvektionsmodell sehr hoher Rayleigh-Zahl. Nach McKenzie et al., 1980.

der Kontinente), bzw. wie diese ineinanderspielen, bleibt zu klären (s. Diskussion by Jacoby & Anderson, 1984).

Viel kleinräumiger (l = 20...40...), aber mit ähnlichen Zeitdauern verbunden ist das Phänomen der „Plumes", mit denen die „Hotspots" verstärkter vulkanischer Aktivität erklärt werden. McKenzie et al. (1980) haben die dazu gehörenden Geoid-, Schwere- und Bathymetrieanomalien z. B. im Pazifik untersucht und damit Modelle stark instabiler Asthenosphärenkonvektion (für die die Anomalien berechnet wurden) verglichen (Abb. 7). Der Charakter der Anomalien ist in der Tat sehr ähnlich.

Mantelkonvektion scheint sich in vielen Raum- und Zeitmaßstäben gleichzeitig abzuspielen – auch eine Charakterisierung ihrer großen Komplexität.

6 Schlußbemerkungen

Die wichtigsten Modelle der Mantelkonvektion, die heute diskutiert werden, sind folgende:

- Ganz-Mantelkonvektion (whole mantle convection);
- Konvektion nur im oberen Mantel (upper mantle convection; heute weitgehend abgelehnt);
- Stockwerkkonvektion (layered convection) in mehreren Schichten von Zellen;
- „Plume"-Konvektion (Instabilität einer heißen Grenzschicht);
- Plattengesteuerte Konvektion (Instabilität der kalten harten Grenzschicht).

Dabei sind die beiden letzten vor allem die instationären Modelle. Nicht alle Modelle schließen sich gegenseitig aus, z. B. können in einer Ganz-Mantelkonvektion die Instabilitäten der Grenzschichten eine wichtige Rolle spielen, und die Strömungskonfiguration hängt noch von der Rheologie ab, d. h. der Verteilung der effektiven Viskosität, etwa mit einer Schichtungskomponente. Jedenfalls darf man sich nicht vorstellen, daß sich unter „langsam" driftenden Platten schnell rotierende quasi-stationäre Konvektionszellen oder -walzen befinden.

Es wird eine der Hauptaufgaben der näheren Zukunft sein zu erforschen, wie die Beziehungen zwischen Konvektion und Plattenbewegungen genau sind, was der Antriebsmechanismus der Plattenbewegungen ist, in welchem Sinne Konvektion die Platten treibt und wie diese die Strömungen beeinflussen. Sind die Platten nur „passive" kalte Grenzschicht von großen Konvektionszellen oder bestimmen sie das Strömungsmuster (Jacoby & Schmeling, 1981, 1982)?

Das Geopotential ist für diese Fragen ein wichtiger Randwert. Seine Kenntnis hat vor allem durch die Erfolge der Satelliten-Geodäsie in den letzten Jahren enorm zugenommen. Das eröffnet der Zusammenarbeit von Geodäsie und Geophysik völlig neue – vielleicht nur wiederentdeckte – Perspektiven. Um die Kenntnis des Geopotentials für die Bildung geodynamischer Modelle – eigentlich für die Einschränkung der möglichen – wirklich voll zu nutzen, müssen Geodäsie und Geophysik miteinander sozusagen verschmelzen. Die eine kommt ohne die andere nicht aus.

7 Ausblick

Bewußte Anstrengungen in dieser Richtung sind notwendig. Schon während der Ausbildung sind die Studenten mit den Arbeitsmethoden und Problemen der jeweils anderen Disziplin vertraut zu machen. Nützlich wäre der „Austausch" besonders von jüngeren Wissenschaftlern, d. h. daß Geodäten in Geophysik-Instituten und Geophysiker in Geodäsie-Instituten zeitweilig arbeiten. Rundgespräche und vielleicht ein ständiger Arbeitskreis könnten ein übriges tun. (Der langjährige Arbeitskreis Geodäsie-Geophysik hatte bisher überwiegend andere Interessen als die hier genannten; im Interesse der Arbeitsfähigkeit wäre ein zusätzlicher Arbeitskreis – etwa: „Geodäsie – Geodynamik" – einer Erweiterung des bestehenden vorzuziehen). All diese Vorschläge wurden auch auf dem DFG-Rundgespräch „Plattenkinematik und Schwerefeldstruktur", München, Februar 1983, diskutiert und empfohlen.

Vor allem sind verstärkte Bemühungen um konkrete gemeinsame Projekte nötig. Die folgende Liste steckt auch etwa den Rahmen des vorgeschlagenen Arbeitskreises ab, beansprucht aber nicht Vollständigkeit.

In die engere Thematik dieses Aufsatzes fallen:

systematische Untersuchungen der globalen Beziehungen zwischen Geopotential und Plattenkinematik;
entsprechende detaillierte Untersuchungen an Plattenrändern und in Gebieten mit starker Variation der Lithosphärenstruktur (z. B. Kontinen-

talränder, känozoische Orogene) auch in Verbindung mit der Plattenkinematik;
Untersuchung regionaler Geoidundulationen in Verbindung mit Krustenstruktur, Tektonik und Topographie (z. B. im Bereich der Europäischen Geotraverse, in den Weltmeeren);
Grundsätzliche Auslotung des Inversionsproblems des Potentials und der Einschränkungen des Lösungsraumes durch geophysikalische Informationen.

Wichtig auch für einen Arbeitskreis „Geodäsie-Geodynamik" sind ebenfalls:

Erfassung der momentanen Plattenkinematik;
Messung und Modellierung von Deformationen an Plattenrändern (z.b. in Island, am Roten Meer, an der Nordanatolischen Störung, in den Anden) und im Platteninnern (z.b. im Rheinischen Massiv).

Zu den genannten, z. T. bereits etablierten Forschungsinteressen gesellen sich bestimmt noch viele andere. Ein Arbeitskreis „Geodäsie-Geodynamik" würde helfen, die geodätischen und geophysikalischen Strategien für solche Projekte aufeinander abzustimmen, um dem gemeinsamen Ziel näherzukommen: unseren Lebensraum Erde zu begreifen.

Dieser Aufsatz entstand aus meinem Bericht zum oben genannten DFG-Rundgespräch und ist nicht erschöpfend. Den Schluß habe ich zu einem Plädoyer zur engeren Zusammenarbeit von Geodäsie und Geophysik sowie zu einigen Vorschlägen genutzt und gebe dabei, glaube ich, die Empfehlungen des Rundgesprächs wieder. Ich danke der DFG und Kollegen aus Geophysik und Geodäsie, die „am selben Strange ziehen", sowie meinen Mitarbeitern I. Hörnchen und E. Seidler für die Hilfe bei der Fertigstellung dieses Aufsatzes.

Literatur

Busse, F. H. (1983): Quadrapole convection in the lower mantle? Geophys. Res. Lett., **10**, 285-288

Christensen, U. (1982): Phase boundaries in finite amplitude mantle convection. Geophys. J. Roy. Astron. Soc., **68**, 487-497

Christensen, U. (1983): A numerical model of coupled subcontinental and oceanic convection. Tectonophysics, **95**, 1-23

Cochran, J. R., Talwani, M. (1978): Gravity anomalies, regional elevation, and the deep structure of the North Atlantic. J. Geophys. Res., **83**, 4907-4924

DeBremaecker, J. C. (1976): Relief and gravity over a convecting mantle. Geophys. J. Roy. Astron. Soc., **45**, 349-356

DeBremaecker, J. C. (1977): Is the oceanic lithosphere elastic or viscous? J. Geophys. Res., **82**, 2001-2004

Griggs, D. T. (1972): The sinking of the lithosphere and the focal mechanism of deep earthquakes. In The Nature of the Solid Earth, E. C. Robertson, ed., McGraw-Hill, New York, pp. 361-384

Hager, B. H. (1984): Subducted slabs and the geoid: contraints on mantle rheology and flow. J. Geophys. Res., **89**, 6003-6015

Hager, B. H., O'Connell, R. J. (1979): Kinematic models of large-scale flow in the earth's mantle. J. Geophys. Res., **84**, 1031-1048

Hofmann, A. W. & White, W. M. (1982): Mantle plumes from ancient oceanic crust. Earth Planet. Sci. Lett., **57**, 421-436

Iszak, I. G. (1963): Tesseral harmonics in the geopotential. Nature, **199**, 137-139

Jacoby, W. R. (1973a): Isostasie und Dichteverteilung in Kruste und oberem Mantel. Z. Geophys., **39**, 79-96

Jacoby, W. R. (1973b): Model experiment of plate movements. Nature Phys. Ser., **242**, 130-134

Jacoby, W. R. (1976): Paraffin model experiment of plate tectonics. Tectonophysics, **35**, 103-113

Jacoby, W. R. (1978): One-dimensional modelling of mantle flow. Pure Appl. Geophys., **116**, 1231-1249

Jacoby, W. R. & Anderson, A. J. (1984): Mantle Convection - gravity, plate motion, convection. Terra Cognita, **4**, 151-155, 1984

Jacoby, W. R., Schmeling, H. (1981): Convection experiments and the driving mechanism. Geol. Rundschau, **70**, 207-230

Jacoby, W. R., Schmeling, H. (1982): On the effects of the lithosphere on mantle convection and evolution. Phys. Earth Planet. Int., **29**, 305-319

Jacoby, W. R., Seidler, E. (1981): Plate kinematics and the gravity field, Tectonophysics, **74**, 155-167

Jarvins, G. T., Peltier, W. R. (1982): Mantle convection as a boundary layer phenomenon. Geophys. J. Roy. Astron. Soc., **68**, 389-427

Jeffreys, H. (1962): The Earth, 4th ed. Cambridge Univ. Press. London

Lago, B., Rabinovicz, M. (1984): Admittance for a convection in a layered spherical shell. Geophys. J. Roy. Astron. Soc., in press

Lambeck, K. (1972): Gravity anomalies over ocean ridges. Geophys. J. Roy. Astron. Soc., **30,** 37–53

McKenzie, D. P. (1977): Surface deformation, gravity anomalies and convection. Geophys. J. Roy. Astron. Soc., **48,** 211–238

McKenzie, D. P., Roberts, J. M., Weiss, N. O. (1974): Convection in the earth's mantle: towards a numerical simulation. J. Fluid Mech., **62,** 465–538

McKenzie, D. P., Watts, A., Parsons, B., Roufosse, M. (1980): Planform of mantle convection beneath the Pacific ocean. Nature **288,** 442–446

Minster, J. B., Jordan, T. H. (1978): Present-day plate motions. J. Geophys. Res., **83,** 5331–5354

Molnar, P., Atwater, T. (1973): Relative motion of hot spots in the mantle. Nature, **246,** 288–291

Parsons, B., Sclater, J. G. (1977): An analysis of the variation of ocean floor bathymetry and heat flow with age. J. Geophys. Res., **82,** 803–827

Rabinovicz, M., Lago, B. (1984): Large scale gravity profiles as evidence of a convection circulation. Annales Geophysicae, **2,** 321–332

Reigber, C., Balmino, G., Moynot, B., Müller, H. (1983): The GRIM 3 earth gravity model. Manuscr. Geodät., **8,** 93–138

Ricard, Y., Fleitout, L., Froidevaux, C. (1984): Geoid heights and lithospheric stresses for a dynamical earth. Annales Geophysicae, **2,** ...

Richter, F. M. (1973): Dynamical models for sea floor spreading. Rev. Geophys. Space Phys., **11,** 223–287

Runcorn, S. K. (1964): Satellite gravity measurements and a laminar viscous flow model of the earth's mantle. J. Geophys. Res., **69,** 4389–4394

Sandwell, D. T., Schubert, G. (1980): Geoid hight versus age for symmetric spreading ridges. J. Geophys. Res., **85,** 7235–7241

Schubert, G., Turcotte, D. L. (1972): One-dimensional model of shallow convection. J. Geophys. Res., **79,** 945–951

Seidler, E., Lemmens, M., Jacoby, W. R. (1983): On the global gravity field and plate kinematics. Tectonophysics, **96,** 181–202

Seidler, E., Jacoby, W. R., Lemmens, M. (1984): Plate motions, the driving mechanism, and the geopotential. Annales Geophysicae, **2,** 333–342

Tozer, D. C. (1973): Thermal plumes in the earth's mantle. Nature, **244,** 398–400

Wegener, A. (1929): Die Entstehung der Kontinente und Ozeane, 4. Aufl. Vieweg, Braunschweig

Kontinentales Tiefbohrprogramm („KTB") der Bundesrepublik Deutschland – Fortschritte und Stand 1984

von Egon Althaus, Hansjürgen Behr, F. Wolfgang Eder, Franz Goerlich, Dietrich Maronde und Willi Ziegler

Zusammenfassung

Die Erforschung der kontinentalen Erdkruste durch Tiefbohrungen ist – für die gesamten Naturwissenschaften und die Technologie – eine Herausforderung, die jener der Weltraumforschung mittels Raumsonden und -schiffen und der Erkundung des Ozeanbodens mit Schiffen, Tauchbooten und Bohrungen vergleichbar ist.

Geophysikalische Sondierungen und tiefe Bohrungen in nationalen und internationalen Gemeinschaftsprogrammen sind unerläßliche Mittel für die Erforschung der tieferen Erdkruste; sie verlangen jedoch finanzielle und personelle Aufwendungen von bisher ungewohntem Ausmaß.

Im Zentrum der geowissenschaftlichen Fragestellung steht die Erkundung der tieferen Erdkruste in einem nicht von Oberflächenprozessen beeinflußten Aufschluß.

Die erwarteten grundlegenden Erkenntnisse über Aufbau, Zusammensetzung und Eigenschaften der Erdkruste und die in ihr auch heute noch ablaufenden physikalisch-chemischen Prozesse erlauben Aussagen über das Verhalten der Materie und über die dynamische Entwicklung der über 4 Milliarden Jahre alten kontinentalen Kruste. Tiefbohr-Daten geben Hinweise auf Rohstoff- oder Energie-Potentiale in größeren Tiefen, verbessern die Kenntnisse über die Entstehung von Naturkatastrophen wie Erdbeben oder Vulkanausbrüche und können bei der Lösung chemischer oder nuklearer Deponieprobleme helfen. Die notwendige Geräteentwicklung in der Bohr- und Bohrloch-Meßtechnik verspricht in Verknüpfung mit den Daten über das „in situ"-Verhalten geologischer Körper unter Hochdruck- und Hochtemperatur-Bedingungen neuartige Erkenntnisse.

Eine derartige Kombination grundlegender, innovierender, naturwissenschaftlicher, technologischer und industrieller Aspekte rechtfertigt nicht nur diesen hohen Aufwand, sondern macht dieses geowissenschaftliche „Tiefen-Experiment" mit dem Titel „Grundlagenforschung über die physikalischen und chemischen Zustandsbedingungen und Prozesse in der tiefen Kruste zum Verständnis von Dynamik und Evolution intrakontinentaler Strukturbildung" jetzt unabdingbar notwendig.

Vorbemerkung

Die DFG-Senatskommission für Geowissenschaftliche Gemeinschaftsforschung (Geokommission) hat sich seit 1977 mit Überlegungen für eine übertiefe Kontinental-Bohrung befaßt. In ihrem Auftrag ist 1981 die Studie „Kontinentales Tiefbohrprogramm der Bundesrepublik Deutschland" (Heft XI der Mitteilungen der Geokommission) verfaßt worden.

In der zweiten Jahreshälfte 1981 stellte der Bundesminister für Forschung und Technologie (BMFT) der Deutschen Forschungsgemeinschaft (DFG) Mittel für die Vorerkundung eines derartigen Projekts zur Verfügung und gab somit die Möglichkeit zur Durchführung von Vorarbeiten, an denen etwa 200 Geowissenschaftler aus Hochschulen, Ämtern und Industrie beteiligt sind.

Der vorliegende Aufsatz faßt die Konzeption und die Entwicklungsschritte dieses geplanten geowissenschaftlichen Großprogramms zusammen, dessen wissenschaftlich-technologische und in die Zukunft weisende Bedeutung ein internationaler Gutachterkreis erst kürzlich auf einem Kolloquium in Neustadt/Weinstraße (2.-4. November 1983) herausgestellt hat.

Kontinentale Tiefbohrungen – ein Beitrag der Geowissenschaften für die Erkundung der tiefen Erdkruste und ihre Bedeutung für Naturwissenschaften und Technologie

In den 70er Jahren hat die Raumfahrt und mit ihr die Erforschung des nahen Weltraums neue Dimensionen auch für die geowissenschaftliche Forschung eröffnet. Noch vor nur 20 Jahren war die Planetologie fast ausschließlich eine Domäne der Astronomen, erst im Vorfeld der bemannten „Apollo"-Flüge wurden Geowissenschaftler beteiligt, die dafür sorgten, daß die geologische Erforschung des Mondes in den Mittelpunkt gerückt wurde. Mittlerweile ist die „Weltraum-Geologie" – durch unbemannte Raumflüge – zu immer ferner liegenden Planeten vorgedrungen und untersucht Alter und Gesetzmäßigkeiten des gesamten Planetensystems. Andererseits tragen aber die aus der Planetologie, insbesondere der Mond- und Meteoritenforschung, gewonnenen Erkenntnisse in immer stärkerem Maße zum Verständnis der Vorgänge auf unserer Erde bei. So sind es, durch die Planetenforschung angeregt, gerade die ältesten Teile der Erde, d. h. die frühesten Krustenteile in den Schilden und Kristallingebieten, deren Alter, Aufbau und Zusammensetzung einen Vergleich immer mehr herausfordern.

Gerade für deren Erkundung lieferte die extraterrestrische Forschung starke Impulse für die Entwicklung neuer Untersuchungs-Methoden und -Techniken, z. B. bei der Analyse von Spurenelementen allerkleinster Konzentration und beim Einsatz von aufwendigen Meßgeräten wie Massenspektrometer, hochauflösendes Transmissions-Elektronen-Mikroskop, Mikrosonde und Ionensonde. Besonders die Isotopengeochemie erreichte hinsichtlich radiogener wie nichtradiogener Isotopenmessungen einen Stand an Genauigkeit und Empfindlichkeit, der – vor allem im Hinblick auf Altersdatierungen – völlig neue Aussagen über Bestand, Gradienten und Kreisläufe der Erdmaterie ermöglichte.

Profitierend von der Erforschung unseres Planetensystems haben, vor allem in den vergangenen zehn bis fünfzehn Jahren, die marinen Geowissenschaften eine Fülle neuer Erkenntnisse geliefert, die Stoffwanderungs-Vorgänge und geodynamische Prozesse innerhalb der ozeanischen Kruste und im Übergang zu den Kontinenten erhellten. Die internationale Kooperation, an der die deutschen marinen Geowissenschaften wesentlich beteiligt waren und sind – erinnert sei hier an die Forschungsergebnisse der „METEOR"-Fahrten und exemplarisch an die Untersuchung des Kontinentalrandes im Atlantik vor NW-Afrika –, gipfelte im „Deep Sea Drilling Project", das durch das „Ocean Drilling Program" fortgesetzt wird (s. Abb. 1).

Aus den Beobachtungen am Ozeanboden leitete man das Konzept der Plattentektonik ab, jenes faszinierende Bild mobiler Globaltektonik, das nicht nur eine völlig neue Deutung der Prozesse des Werdens und Vergehens von Gebirgen, der Bildung und Umgestaltung der Kontinente ermöglichte, sondern sogar neue Lagerstätten-Ressourcen erschließen half, ja z. T. völlig neue Explorations-Strategien auch in den Kontinenten ermög-

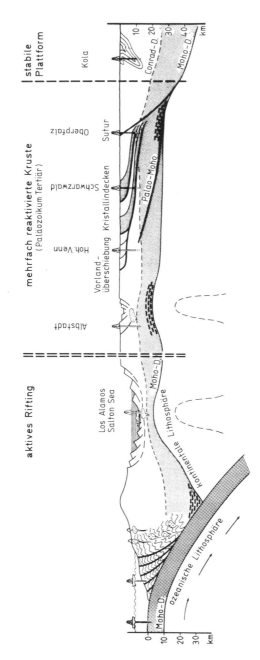

Abb. 1: Schematischer Überblick über die Erforschung der ozeanischen und kontinentalen Erdkruste durch Tiefbohrprojekte. Die zur Zeit durchgeführten bzw. geplanten Bohrungen für wissenschaftliche Zwecke sind auf verschiedene Krustentypen ausgerichtet. Das „Ocean Drilling Program (ODP)" zielt in der Nachfolge vom „Deep Sea Drilling Project (DSDP)" zunehmend auch auf die Erforschung des Übergangsbereichs ozeanischer zu kontinentaler Kruste. Neben Geothermie-Bohrungen (Los Alamos) dienen Kontinental-Tiefbohrungen vornehmlich der Analyse von Krustenstrukturen (nach Behr, 1983).

licht. Die Erkenntnis, daß plattentektonische Prozesse während fast der gesamten Erdgeschichte die Konfiguration von Ozeanen und Kontinenten steuerten und maßgeblich zur strukturellen Gestaltung auch der Festlandsmassen beitrugen, hat die geowissenschaftliche Forschung gedrängt, sich der Tiefengeologie der Kontinente zuzuwenden. Diese sind in ihrem Aufbau sehr viel komplizierter als die Ozeanböden und dokumentieren u. a. eine 20mal längere Geschichte. Nachdem in den vergangenen Jahrzehnten vor allem das sedimentäre Stockwerk der Kontinente im Mittelpunkt des geologischen Interesses gestanden hatte, gewinnt nun das subsedimentäre Stockwerk an Bedeutung. Viele auf der Erdoberfläche sichtbaren Prozesse haben ihre Ursachen und Antriebsmechanismen im Erdinnern. Die unterhalb der Wirkungssphäre der exogenen Kräfte entstehenden Einflüsse werden durch die tiefere Erdkruste nach oben weitergeleitet. Sie müssen sich hier manifestieren und darstellen. Dieses Protokoll kann bislang nur an durch Tektonik und Erosion geschaffenen, durch vielfältige sekundäre Prozesse veränderten Aufschlüssen palimpsestähnlich entziffert werden. Eine Tiefbohrung wird Material erschließen, in welchem die ursprünglichen Daten unbeeinflußt durch eine verfremdende Überprägung gemessen werden können. Unsere Kenntnisse über Werdegang, Materie und Struktur der Kontinente wird hierdurch in ähnlicher Weise revolutioniert werden, wie dies für den Untergrund der Ozeane durch die erwähnten marinen Bohrprogramme geschah.

Neben der grundlegenden Erforschung von Zusammensetzung und strukturellem Aufbau der Kontinente und der dabei vorherrschenden Prozesse sollen die Verteilungsprinzipien wichtiger Elemente und die mögliche Bildung von z. T. noch verborgenen Lagerstätten erkundet werden. Die Hypothese, daß weitreichende horizontale Krustenüberschiebungen zur Stapelung gleichartiger Krustenteile führen können, muß überprüft werden, um auch bisher nicht erschlossene Areale lagerstättenkundlich neu interpretieren zu können (s. Abb. 1).

Eine Erbohrung tieferer, kontinentaler Krustenbereiche ist zudem für die Erkundung des Potentials für die Gewinnung geothermaler Energie von Bedeutung. Geothermik-Bohrungen müssen – insbesondere bei Hot-Dry-Rock (HDR)-Projekten – ebenfalls in große Tiefen vorstoßen und benötigen einen hohen Bohraufwand. Ihre Zielsetzung ist jedoch auf Energiegewinnung gerichtet, ihre Zielgebiete sind andere Bereiche der Erdkruste als die in einer KTB ins Auge gefaßten. Eine gelungene KTB kann allerdings in ein HDR-System umgewandelt werden. Bohr- und Meßtechnik sind für beide Arten von Bohrungen gleich; die in einer KTB gewonnenen Kenntnisse lassen sich für die Erschließung dieser Ressourcen verwenden.

Eine weitere Bedeutung haben kontinentale Tiefbohrungen für die Geo-Technik. Die Erkundung des Spannungsverhaltens ist nicht nur für eine mögliche Erdbebenvorhersage von Gewicht; sie liefert in Verbindung mit den gebirgsmechanischen Daten Argumente auch für den Kavernenbau. Kavernen könnten als Deponien chemischer und nuklearer Abfälle, als Energiespeicher, als Schutzräume, möglicherweise als Industrie-Labors für technische Fertigungsprozesse unter hohem Umgebungsdruck genutzt werden.

Das „Kontinentale Tiefbohrprogramm der Bundesrepublik Deutschland" ist daher – neben geowissenschaftlicher Grundlagenforschung – auch als ein Beitrag zur Lösung drängender Rohstoff- und Versorgungs-Probleme der Menschheit zu werten. Diese Fragen stehen neben der Katastrophenvorsorge im Zentrum auch der internationalen geowissenschaftlichen Gemeinschaftsforschung.

Die Zielsetzungen des „KTB" im internationalen Rahmen

Die Orientierung der geowissenschaftlichen Forschung auf die kontinentale Kruste ist – wie auch 1983 der „Board on Earth Sciences" (Academy of Science of the United States) feststellte – in der Erkenntnis begründet, daß der Aufbau, die Entwicklung der Erdkruste und die sie beeinflussenden chemisch-physikalischen Prozesse völlig unzureichend bekannt sind.

Dies war auch der Hauptgrund, daß auf Vorschlag der Internationalen Unionen für Geologische Wissenschaften (IUGS) und für Geodäsie und Geophysik (IUGG) 1980 vom „International Council of Scientific Unions" (ICSU) das Internationale Lithosphäre-Programm (ILP) beschlossen wurde. Nach mehreren von den Internationalen Unionen bereits früher entwickelten, auf die feste Erde orientierten Gemeinschaftsprogrammen („Upper Mantle Project, 1962–1971; „International Geodynamics Project", 1972–1980) startete dieses Programm mit dem Titel *„Dynamics and Evolution of the Lithosphere: The Framework for Earth Resources and the Reduction of Hazards"*. Dadurch ist es auch verzahnt mit den von der UNESCO getragenen Programmen „International Geological Correlation Programme" und „Man and Biosphere".

Die Zielsetzung des Lithosphäre-Programms betont die Notwendigkeit,

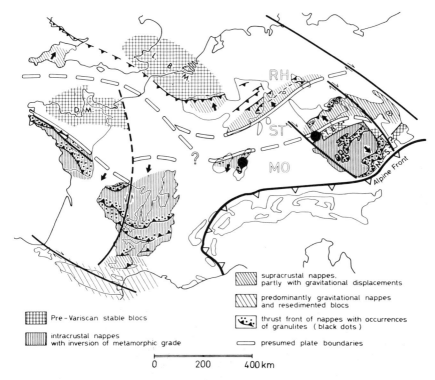

Abb. 2: Die strukturelle Untergliederung im Variszikum von Zentraleuropa (RH = Rhenohercynikum, ST = Saxothuringikum, MO = Moldanubikum; L.B.M. = London-Brabanter Massiv, D.M. = Domnoneo-Mancellian-Massiv, T. B. = Tepla-Barrandeum-Massiv, M. S. = Moravo-Silesikum-Massiv).
Die schwarzen Punkte kennzeichnen die zur Zeit vorerkundeten Regionen Oberpfalz und Schwarzwald, die als Lokationen einer ersten kristallinen Tiefbohrung ausgewählt wurden (nach Behr et al., 1984).

die tiefe Kruste detailliert zu erforschen. Ihr kann vor allem auf zweierlei Art nachgegangen werden: Erstens durch **geophysikalische Messungen**, die indirekt Aussagen über die Beschaffenheit der Erdkruste erlauben, und zweitens direkt durch **Tiefbohrungen**.

Dem wurde im Lithosphäre-Programm Rechnung getragen durch die Einrichtung von zwei „Coordinating Commitees", die sich zum einen mit *„Structure and Composition of the Lithosphere and Astenosphere"* und zum anderen mit *„Continental Drilling"* befassen; beide Komitees stehen unter

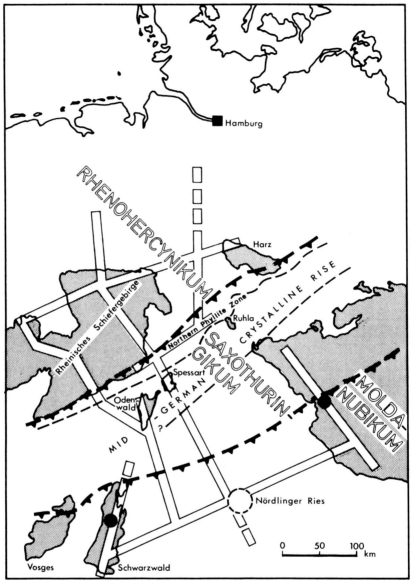

Abb. 3: Verlauf der Traversen des Deutschen Kontinentalen Reflexionsprogramms „DEKORP" und die Lage der möglichen Tiefbohr-Lokationen Oberpfalz und Schwarzwald (dicke Punkte).

deutscher Leitung: das erstgenannte wird von Prof. K. Fuchs, Karlsruhe, das zweite von Prof. H. Vidal, München, geführt.

Der Struktur und Zusammensetzung der Lithosphäre wird durch großangelegte Programme der Reflexionsseismik vor allem in den USA (COCORP und Nachfolgeprojekte), in Frankreich (ECORS), Großbritannien (MOIST, BIRPS und andere) und in der Bundesrepublik Deutschland (DEKORP) nachgegangen. Eingebunden in diesen Schwerpunkt der internationalen Lithosphäre-Forschung ist auch das von der „European Science Foundation" getragene **„European-Geotraverse-Projekt" (EGT)** (vgl. Giese, 1983a).

Die Europäische Geotraverse überquert tektonische Einheiten von sehr unterschiedlichem Alter und Baustil; gerade im deutschen Abschnitt der Traverse werden das Rhenohercynikum, das Saxothuringikum und das Moldanubikum gequert. Die möglichen Lokationen für eine Kristallin-Tiefbohrung im Schwarzwald oder der Oberpfalz haben somit ihre Bedeutung für den gesamten europäischen Krustenbereich (vgl. Abb. 2).

Die Bundesrepublik Deutschland hat zu diesem Projekt vorarbeitend beigetragen u. a. durch ein Schwerpunktprogramm der DFG „Vertikalbewegungen und ihre Ursachen am Beispiel des Rheinischen Schildes" (1976–1982) und einen Sonderforschungsbereich in Göttingen mit dem Kurztitel „Erdkruste" (1969–1981). In zwei kürzlich erschienenen Büchern („Plateau Uplift" und „Intracontinental Fold Belts") sind die Ergebnisse veröffentlicht.

Die Bundesrepublik Deutschland wird diesem europäischen Gemeinschaftsprojekt auch künftig zuarbeiten durch Spezialprogramme z. B. der Gravimetrie, der Magnetik, der Magnetotellurik (im Projekt ELAS) und der Geothermie sowie durch Geoidberechnungen und Strukturgeologie.

Als in enger Verbindung zur EGT und zum geplanten Tiefbohrprojekt stehend muß das **Deutsche Kontinentale Reflexions-Programm „DEKORP"** betrachtet werden. In diesem vom BMFT finanzierten Großprojekt soll, beginnend mit dem Jahr 1983 über zehn Jahre hin, die Struktur der Erdkruste detailliert durch ein Profilnetz reflexionsseismisch erfaßt werden (vgl. Abb. 3). Dieses Programm, das jährlich etwa 200 km Profil-Länge bearbeiten will, wird maßgeblich von den geologischen Ämtern und zahlreichen geowissenschaftlichen Instituten der Hochschulen getragen.

Das Internationale Lithosphäre-Projekt hat „Continental Drilling" zu einem seiner Schlüsselprojekte erklärt. Insbesondere soll sich das schon erwähnte Koordinations-Komitee, unter der Leitung von Prof. Vidal, vor allem der Erforschung:

- der Struktur und Evolution der kontinentalen Kruste,
- der Wärmequellen, des Wärmetransports und der Temperaturverteilung in der tieferen Kruste,
- der Bildungsprozesse mineralischer Ressourcen sowie
- der Mechanismen der Erdbebenentstehung

widmen.

Aufgrund der hohen Kosten, technologischer Grenzen und des erforderlichen wissenschaftlichen Aufwandes sind – mit Ausnahme der russischen Kola-Tiefbohrung, für die jedoch besondere, erleichternde geologische Voraussetzungen zu gelten scheinen – keine Bohrungen in die tiefere Kristallinkruste vorgenommen worden. Die auch aufgrund der Ergebnisse des vorher schon erwähnten „DSDP" jetzt gewonnenen neuen Zielvorstellungen, die zur Klärung der Dynamik und Evolution der ozeanischen und kontinentalen Krusten beitragen werden, legen es nahe, ein kontinentales Tiefbohrprogramm zu starten.

Auch die Generalkonferenz der UNESCO räumt in ihrem „Medium-Term Plan" 1984-1989 der Lithosphären-Forschung und speziell dem „Continental Drilling" einen hohen Stellenwert ein und unterstützt das Internationale Lithosphäre-Programm finanziell.

Die Entwicklung, Bedeutung und Bewertung des „KTB"

Die deutschen Geowissenschaftler haben sich seit 1977 mit dem Forschungsziel, den Auswahlkriterien und möglichen Bohrlokationen für eine erste kontinentale Tiefbohrung befaßt. Ihre Diskussion hat ergeben, daß ein nationales Tiefbohrprogramm gerechtfertigt ist, da

- seine wissenschaftliche Fragestellung von primärer Bedeutung für die Erforschung der oberen Lithosphäre ist,
- es eine weit über die Geowissenschaften hinausreichende, allgemeine und technische Bedeutung hat,
- das wissenschaftliche Potential und das „know how" – aufgrund zahlreicher „Vorlaufarbeiten" – weitgehend vorhanden sind und
- seine technische Realisierbarkeit als Großforschungsprojekt gewährleistet ist, wie eine Studie der „Kavernen Bau-Betriebsgesellschaft" (KBB) 1983 ergeben hat.

Nach einem DFG-Rundgespräch der geförderten Gruppen (18./19. 4. 1983) wurden auf einem internationalen Kolloquium in Neustadt/Weinstraße (2.-4.11.1983) zwei von ursprünglich über 40 vorgeschlagenen Bohransatzpunkten für weitere Vorerkundungsaufgaben eines Tiefbohrprogramms ausgewählt. Die Empfehlungen des internationalen Gutachterkreises und der Geokommission sehen eine weitere Förderung der Lokationen **Oberpfalz** und **Schwarzwald** in einem KTB vor (s. Abb. 2 und 3).

Hervorgehoben wurde, daß die Bohransatzpunkte in Schlüsselregionen der europäischen Erdkruste plaziert und die Möglichkeiten für eine internationale Kooperation äußerst günstig seien.

Bei der Bewertung des Gesamtprogramms wurde nicht außer acht gelassen, daß der geowissenschaftliche Schritt in die „Unterkruste" nicht losgelöst von Industriebohrungen und deren Technologie gemacht werden kann; allerdings sind Industrie-Tiefbohrungen unter anderen, meist wirtschaftlichen Fragestellungen angesetzt, so daß sie nicht direkt für ein „Experiment Tiefbohrung" genutzt werden können.

Die Beratungen sowohl des Gutachterkreises wie der Geokommission stellten die **wissenschaftliche Bedeutung**, die **technische Bedeutung und Realisierbarkeit**, die **Lokationsauswahl** und das **weitere Vorgehen** heraus.

Wissenschaftliche Bedeutung

Die in Neustadt versammelte Gruppe von Geowissenschaftlern hat die wissenschaftliche Bedeutung und Einmaligkeit des Tiefbohrprogramms einhellig zum Ausdruck gebracht. Ebenso eindeutig hat die Gruppe angeregt, in einer ersten kontinentalen Tiefbohrung die Erkundung des tieferen Kristallin-Stockwerks anzustreben.

Das Gesamtprojekt **„Grundlagenforschung über die physikalischen und chemischen Zustandsbedingungen und Prozesse in der tiefen Kruste zum Verständnis von Dynamik und Evolution intrakontinentaler Strukturbildung"** umfaßt folgende Hauptzielsetzungen:

1. **Die Erfassung der Ursachen geophysikalischer Strukturen und Heterogenitäten der Kruste, insbesondere seismischer Wellengeschwindigkeiten, des elektrischen Widerstands und magnetischer Eigenschaften**
   Für die Geophysik bietet – so hält es auch eine Stellungnahme des Forschungskollegiums Physik des Erdkörpers (FKPE) 1983 fest – eine

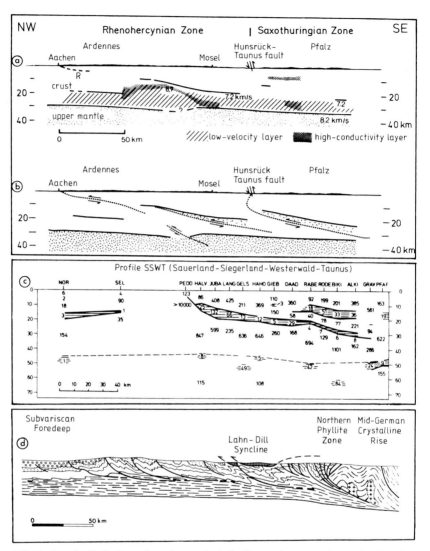

Abb. 4: Geophysikalische und strukturgeologische Krusteninterpretationen der rhenohercynischen und saxothuringischen Zone.
a) Refraktionsseismisches Profil mit vereinfachter Wiedergabe der Geschwindigkeits-/Tiefen-Funktion und Angabe der Zonen hoher elektrischer Leitfähigkeit (nach Giese, 1983 b).
b) Tektonische Interpretation vorhandener Diskontinuitäten als Aufschuppungen von Unterkrusten- oder Mantel-Material (nach Giese, 1983 b).

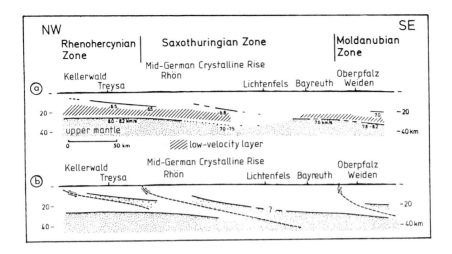

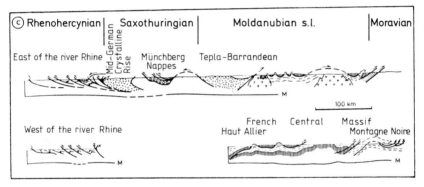

Abb. 5: Interpretation Zentraleuropäischer Krustenprofile vom Rhenohercynikum bis in das Moldanubikum.
a) Vereinfachte Wiedergabe refraktionsseismischer Wellen-Geschwindigkeiten (nach Giese, 1983 b).
b) Tektonische Interpretation der Krustendiskontinuitäten als Aufschuppungen von Unterkrusten- oder Mantel-Material (nach Giese, 1983 b).
c) Vereinfachtes strukturgeologisches Profil durch das Variszikum in Zentraleuropa (nach Behr et al., 1984).

Abb. 4:
c) Widerstands-Verteilung (Werte in Ω m) in der Kruste und im oberen Mantel ermittelt durch magnetotellurische Messungen (nach Joedicke et al., 1983).
d) Schematisches Querprofil durch das Rheinische Schiefergebirge und seiner Infrastruktur (nach Weber und Behr, 1983).

Bohrung bis tief in das Grundgebirge die Möglichkeit, die physikalischen Parameter, welche für die Interpretation verschiedenartigster geophysikalischer Messungen (wie z. B. Geschwindigkeitsverteilungen seismischer Wellen) erforderlich sind, „in situ" zu bestimmen. Dabei sei es eine sehr wichtige Aufgabe, neuartige Interpretationsprogramme zu entwickeln, da solche Programme bisher fast nur für Bohrungen im Sediment erstellt und angewandt wurden.

Beispiele bisheriger geologischer und geophysikalischer Interpretationen von Krustenabschnitten sind in den Abb. 4 und 5 dargestellt; sie könnten verändert oder bestätigt werden, wenn eine Tiefbohrung direkte Einblicke ermöglicht.

2. **Die Ermittlung des heutigen und früheren physikalischen und chemischen Zustandes der tieferen kontinentalen Kruste durch Messungen, Probenahmen und Experimente unter natürlichen Bedingungen**

Die kontinentale Kruste ist nach allgemeiner Auffassung durch einen definierten Lagenbau aufgrund chemischer und phasenpetrologischer Bedingungen gekennzeichnet. Auch die physikalischen Eigenschaften der Kruste sind mit diesem Lagenbau korreliert, der allerdings durch fluide Phasen beeinflußt werden kann. Eine Tiefbohrung würde ein ungestörtes Krustenprofil erschließen und seine entwicklungsgeschichtliche Rekonstruktion erlauben.

Besondere Unsicherheiten bestehen noch bei der Abschätzung der Krustendurchlässigkeit: Inwieweit tektonische Auflockerung die Wegsamkeit für fluide Phasen beeinflußt und wie der stationäre oder instationäre Zustand des Wärmeflusses von der Konvektion fluider Phasen abhängt, muß untersucht werden (vgl. Abb. 6).

Die Erfassung der Kinetik chemischer, phasenpetrologischer und gefügeprägender Prozesse (einschließlich ihrer Altersfixierung) soll Hinweise auf Deformationen und Bewegungen (subhorizontales „creeping") der Krustengesteine geben, die in Temperaturbereichen von ca. 300 °C an beschleunigt ablaufen.

Von besonderem Interesse ist auch die Ermittlung des geothermischen Potentials und des Wärmeflusses; es bestehen gravierende Unsicherheiten bei der Abschätzung des zur Wärmeproduktion notwendigen Potentials inkompatibler (z. B. radioaktiver) Elemente in der Kruste.

3. **Die Erforschung der Fluidsysteme, Fluidquellen und Fluidbewegungen in der tieferen Kruste; ihr Einfluß auf Metamorphose, Magmenbildung und globale Dynamik**

Der Einfluß der Fluidsysteme und Krustenfluide auf die gesamte Mobi-

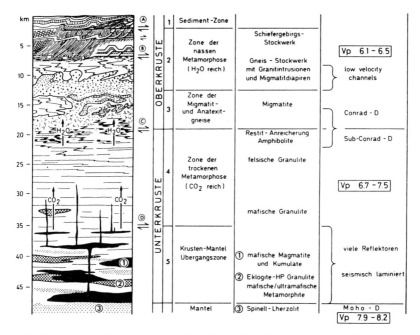

Abb. 6: Strukturmodell der kontinentalen Kruste. Bereiche mit intrakrustalen Abscherungen (interthrusting): A = Typ Schweizer Jura; B = Typ Hohes Venn, Appalachen; C = Typ Schwarzwald, Böhmische Masse; D = Typ Ivrea-Zone, Kalabrien.

lität der Erdkruste ist weder in Menge, Bewegungsgröße oder Zusammensetzung, noch hinsichtlich der Auswirkung bekannt. Die bisherigen, begrenzten Vorstöße in die kontinentale Kruste haben allerdings gezeigt, daß offenbar eine weit höhere Durchlässigkeit für Fluidsysteme und Gase als bisher vermutet besteht (s. auch Abb. 6).
Möglicherweise ist in den Fluidsystemen die Sonderstellung der Erde mit ihrer Krustenmobilität (Plattentektonik) innerhalb des Planetensystems begründet.
Fluidsysteme sind von zentraler Bedeutung für Stoffumverteilungs-Prozesse, die zur Lagerstättenbildung führen können. Im Bereich der beiden ausgewählten Bohrlokationen bestehen - nach bisherigen Erkenntnissen - günstige Voraussetzungen zur Untersuchung auch Lagerstätten-genetischer Fragen.
Allerdings stellt die Erfassung der fluiden Phasen, ihre Probenahme und die entsprechende Analytik, eine besondere Herausforderung dar.

4. **Die Kenntniserweiterung über Spannungen in der Kruste, ihre Verteilung, Speicherung und Auslösung**
Wegen der bisher fehlenden direkten Einblicke in den Bereich der Erdbebenherde sind die Mechanismen der Bebenauslösung nur unzulänglich bekannt. Obwohl beide ausgewählte Lokationen nicht in Regionen mit erhöhter intrakontinentaler Seismizität liegen, sind aufgrund der Mikroseismizität doch grundlegende Aussagen zur kontinentalen Inter- und Intra-Plattentektonik zu erwarten.

5. **Die Erforschung der geologischen Struktur der Erdkruste und die Analyse der tektonischen Krustenevolution**
Erst in jüngerer Zeit gewonnene Daten weisen auf einen sehr ausgeprägten horizontalen Strukturbau der Erdkruste mit Verdickungen, Überschiebungen, Krustenstapelungen, aber auch auf Krusten-Verdünnungen hin (vgl. Abb. 4 und 5). Die Erfassung des Strukturbaus der Kruste hat daher nicht nur prinzipielle Bedeutung für die erdgeschichtliche Evolution, sondern beeinflußt unmittelbar die Überlegungen zur Exploration verdeckter (d. h. überschobener) Lagerstätten. Auch international beginnt man, die Konsequenzen, die dies für Kohlenwasserstoff- oder Metall-Lagerstätten haben kann, zu überdenken.
Gerade die kleinen Lagerstätten hoher Wertmineral-Konzentrationen, wie sie für Mitteleuropa charakteristisch sind, werden durch verbesserte Explorations-Verfahren wieder zunehmend interessant. Von einer Tiefbohrung werden auch für diese metallogenetischen Anreicherungsprozesse und Verteilungsprinzipien neue Hinweise erwartet.

6. **Die Einrichtung eines Tiefenlabors**
Die Mehrzahl aller Überlegungen, die sich mit dem Krustenaufbau und seiner Zusammensetzung befaßten, stellen Hypothesen dar, die sich auf theoretische Betrachtungen oder ergänzende Experimente im Labor stützten. Die wenigen und nur begrenzten Tiefenaufschlüsse in die Erdkruste – also nicht in Sedimentgesteine – haben jedoch diese bisherigen Annahmen in Frage gestellt, so daß es an der Zeit ist, in einem geowissenschaftlichen Großexperiment die Gültigkeit globaler Hypothesen zu überprüfen.
Neben der direkten Probenahme sollen die physikalisch-chemischen Verhältnisse durch Sondenmessungen langfristig kontrolliert werden. In einer Art Dauermeßstation sollen langzeitige Variationen erfaßt werden, z. B. der Seismizität und des Magnetfeldes. In Wiederholungsexperimenten sollen die physiko-chemischen Parameter erfaßt und neuartige Techniken erprobt werden.

Von den Erfahrungen eines Tiefenlabors könnten auch Überlegungen für einen „Tiefschacht" profitieren.
Bei der Verfolgung der genannten Hauptzielsetzungen darf jedoch nicht außer acht gelassen werden, daß große Unsicherheiten bestehen bei der Temperaturabschätzung, bei der Voraussage von Spannungszuständen, bei Abschätzungen der Mantelentgasung und der Fluidsysteme.

Technische Bedeutung und Realisierbarkeit

Die das KTB tragenden und begutachtenden Geowissenschaftler aus Industrie, Ämtern und Hochschulen halten die technische Durchführung einer übertiefen Kristallin-Bohrung für realisierbar.

Obwohl bisher wenig Erfahrungen hinsichtlich Bohr- und Meß-Technik bei übertiefen Bohrungen vorliegen, ist der Gutachterkreis der Auffassung, daß die Entwicklung der Elektronik und Mikrotechnik den Bau geeigneter Hochdruck- und Hoch-Temperatur-Meßgeräte ermöglichen wird.

Lokationsauswahl

Ein geologisches Tiefbohr-Experiment der vorgeschlagenen Größenordnung erfordert die engagierte Mitarbeit einer großen Anzahl von Geowissenschaftlern, Ingenieuren und Technikern, die sich an einer zentralen Zielsetzung orientieren.

Die Gutachter waren überzeugt, daß die Fragestellung einer Kristallin-Bohrung bei weitem mehr Geowissenschaftler zu interdisziplinärer Mitarbeit motiviert als andere Lokationen.

Als mögliche Lokationen für eine erste Tiefbohrung kamen somit in erster Linie die **Oberpfalz** und der **Schwarzwald** in Betracht; jedoch war, nach Meinung der Gutachter, zur Zeit keiner der beiden Lokationen der Vorzug zu geben. Beide Zielregionen weisen ihre individuellen Vorteile auf, doch sind – ohne reflexionsseismische und weitere geophysikalische, geochemische, petrologische und geologische Erkundungen – keine Entscheidungen zu treffen.

Die endgültige Entscheidung über die erste Bohrlokation soll erst nach reflexionsseismischen und geothermischen Erkundungen in beiden Zielgebieten fallen. Die seismischen Programme müssen mit DEKORP und ECORS abgestimmt werden.

In Fortsetzung der bisherigen Arbeiten sollen geophysikalische (Magnetotellurik, Gravimetrie, Magnetik, Refraktions-Seismik), strukturgeologische (vor allem verstärkt im Schwarzwald) und petrologischgeochemische Untersuchungen betrieben werden.

In beiden Lokationen sollten Flachbohrungen niedergebracht werden, um bessere Temperaturabschätzungen treffen zu können, sollten vergleichbare geochemische Untersuchungen gestartet werden, um geochemische Gradienten besser erfassen zu können und sollte der Kontakt zwischen direkt beobachtenden und indirekt messenden Wissenschaftlern intensiviert werden.

Vor der eigentlichen Tiefbohrung muß an der endgültig ausgewählten Bohrlokation eine etwa 2500 m tiefe Vorbohrung niedergebracht werden. Diese Bohrung ermöglicht die geologische Untersuchung des oberen Profilabschnittes, der in der endgültigen Bohrung verrohrt werden muß und sich dadurch der geowissenschaftlichen Untersuchung weitgehend entzieht.

Stellungnahme der Geokommission

Die Geokommission war sich mit dem in Neustadt versammelten Gutachterkreis einig, daß die wissenschaftlichen Fragestellungen fundamental neue Zielsetzungen erkennen ließen, und befürwortete grundsätzlich die vorgestellte Zielrichtung des Programms und die ausgewählten Lokationen Oberpfalz und Schwarzwald.

Um eine angemessene Relation von Aufwand und Ergebnis zu sichern, hielt es die Geokommission ebenfalls für notwendig, einen Stufenplan für die Durchführung des KTB zu erarbeiten, in welchem die wissenschaftlichen und finanziellen Gesichtspunkte aufeinander abgestimmt sind.

Nach Meinung der Geokommission bedeutet die Entscheidung für eine „Tiefe Kristallin-Bohrung" im KTB nicht die Abkopplung oder Zurücksetzung der Erforschung der Geologie der Oberkruste. Vielmehr müsse man die geologische, mineralogische und auch geophysikalische Erforschung des sedimentären Stockwerks – ergänzend zur Erbohrung der Kristallinkruste – fortsetzen.

Die Geokommission erörterte die Situation der bisher ebenfalls intensiv sondierten Lokationen **„Hohes Venn"** und **„Hohenzollerngraben"**. Sie war der Meinung, daß man beim „Hohen Venn" die Klärung der Natur von Reflektoren im Bereich der höheren Kruste in internationaler Kooperation (mit Belgien und Frankreich) angehen sollte. Vielleicht sollte auch versucht werden, im Hinblick auf energiewirtschaftliche Interessen, in Zusammenarbeit mit der Industrie eine tiefere Bohrung durchzuführen.

Im Fall der Lokation „Hohenzollerngraben" wurde seitens der Kommission festgehalten, daß die hier vorrangig angestrebten Fragestellungen (Seismizität, rezenter Spannungszustand) mit seichteren Bohrungen in einem gesonderten Programm anzugehen sind; hingewiesen wurde auf den Sonderforschungsbereich „Spannung und Spannungsverteilung in der Lithosphäre", Karlsruhe, der hiermit zusammenhängende Problemstellungen untersucht.

Die Geokommission hat in ihren Beratungen des KTB immer wieder betont, daß eine Stärkung des Gesamtprogramms durch eine Öffnung für bisher Außenstehende vorgenommen werden sollte; nur so könne man die bestmöglichen Methoden und die bestmöglichen Ideen für das Projekt sichern und hoffentlich anwenden.

Innerhalb der Geokommission bestand Einigkeit darüber, daß die Durchführung der eigentlichen Bohrung von einem Projektträger betreut werden muß. Die Geokommission ist davon überzeugt, daß die Deutsche Forschungsgemeinschaft bei der strukturellen Gestaltung des Programms und auch bei der Durchführung der Tiefbohrung beteiligt sein muß. Nur durch eine Beteiligung der Gutachter-Gruppen und einschlägigen Gremien der DFG kann das wissenschaftliche Programm und seine wissenschaftliche Qualität gewährleistet werden.

Literatur

Behr, H. J., Engel, W., Franke, W., Giese, P. und Weber, K. (1984): The Variscan Belt in Central Europe: Main Structures, Geodynamic Implications, Open Questions. - *Tectonophysics* (im Druck)

Fuchs, K., v. Gehlen, K., Mälzer, H., Murawski, H. und Semmel, A. (Edits.) (1983): *Plateau Uplift - The Rhenish Shield - A Case History*. - Springer Verlag, 411 pp

Giese, P. (1983 a): Die Europäische Geotraverse (EGT). - Mitteilung XIII, Komm. Geowiss. Gemeinschaftsforsch., 29–50, Verlag Chemie

Giese, P. (1983b): The Evolution of the Hercynian Crust - Some Implications to the Uplift Problem of the Rhenish Massif. - In: *Plateau Uplift* (Fuchs et al., edits.), 303–314, Springer Verlag

Jödicke, H., Untiedt, J., Olgemann, W., Schulte, L. und Wagenitz, V. (1983): Electrical Conductivity Structure of the Crust and Upper Mantle beneath the Rhenish Massif. - In: *Plateau Uplift* (Fuchs et al., edits.), 288–302, Springer Verlag

Martin, H. und Eder, F. W. (Edits.) (1983): *Intracontinental Fold Belts - Case Studies in the Variscan Belt of Europe and the Damara Belt in Namibia.* - Springer Verlag, 945 pp

Vidal, H., Eder, W., Fuchs, K., Goerlich, F., Illies, H., Neumann, J. und Ziegler, W. (1981): Kontinentales Tiefbohrprogramm der Bundesrepublik Deutschland. - Mitteilung XI, *Komm. Geowiss. Gemeinschaftsforsch.,* Boldt·Verlag, Boppard, 70 pp

Weber, K. und Behr, H. J. (1983): Geodynamic Interpretation of the Mid-European Variscides. - In: *Intracontinental Fold Belts* (Martin and Eder, edits.), 427–469, Springer Verlag

Verzeichnis der Mitarbeiter dieses Heftes

Prof. Dr. E. Althaus
Mineralogisches Institut der Universität
Kaiserstraße 12, 7500 Karlsruhe 1

Dr. H. Bäcker
PREUSSAG AG
Postfach 4829, 3000 Hannover 1

Prof. Dr. H.-J. Behr
Institut für Geologie und Paläontologie der Universität
Goldschmidtstraße 3, 3400 Göttingen

Dr. F. W. Eder
Institut für Geologie und Paläontologie der Universität
Goldschmidtstraße 3, 3400 Göttingen

Dr. F. Goerlich
Alfred-Wegener-Stiftung
Ahrstraße 45, 5300 Bonn 2

Prof. Dr. W. R. Jacoby
Fachbereich Geowissenschaften der Universität
Saarstraße 21, 6500 Mainz

Dr. L. Karbe
Institut für Hydrobiologie und Fischereiwissenschaft
der Universität
Zeiseweg 9, 2000 Hamburg 50

Dr. D. Küstner
Institut für Werkstoffwissenschaften der Universität
Martensstraße 5, 8520 Erlangen

Dr. D. Maronde
Deutsche Forschungsgemeinschaft
Kennedyallee 40, 5300 Bonn 2

Prof. Dr. M. Schidlowski
Max-Planck-Institut für Chemie
Saarstraße 23, 6500 Mainz

Prof. Dr. W. Schreyer
Institut für Mineralogie der Universität
Postfach 10 21 48, 4630 Bochum 1

Prof. Dr. U. Schwertmann
Lehrstuhl für Bodenkunde der Technischen Universität München
8050 Freising-Weihenstephan

Dr. H. Thiel
Institut für Hydrobiologie und Fischereiwissenschaft der Universität
Zeiseweg 9, 2000 Hamburg 50

Dr. H. Weikert
Institut für Hydrobiologie und Fischereiwissenschaft der Universität
Zeiseweg 9, 2000 Hamburg 50

Prof. Dr. W. Ziegler
Forschungsinstitut Senckenberg
Senckenberganlage 25, 6000 Frankfurt 1